EL GRABADO EN LA CIENCIA HISPÁNICA

JOSÉ M.ª LÓPEZ PIÑERO

EL GRABADO
EN LA
CIENCIA HISPÁNICA

CONSEJO SUPERIOR DE INVESTIGACIONES CIENTÍFICAS

CEP de la Biblioteca Nacional (Madrid)

LÓPEZ-PIÑERO, José María
El grabado en la ciencia hispánica / José M.ª López-Piñero. – Madrid: Consejo Superior de Investigaciones Científicas, 1987.
ISBN 84-00-06699-5
1. Ciencia– Grabados. 2. Tecnología– Grabados. 3. Grabados españoles– S. XV-XX. I. Consejo Superior de Investigaciones Científicas. II. Título.
5/6 (0:76)
76.034/.036 (460)

CSIC

La orla reproducida en la cubierta fue grabada por Francisco Boix para el libro de JUAN RANCE, *Tratado theórico-práctico de materia médica...*, Barcelona, Francisco Suriá, 1773.

Impreso en España
Printed in Spain

I.S.B.N.: 84-00-06699-5
Depósito legal: V. 2.685 - 1987
Artes Gráficas Soler, S. A. - La Olivereta, 28 - 46018 Valencia - 1987

INTRODUCCIÓN

EL grabado es una fuente de primera importancia para el estudio histórico de la ciencia. Frente a la función meramente decorativa que ha desempeñado tradicionalmente en buena parte de las publicaciones sobre el tema o en trabajos de divulgación que se limitan a explotar el atractivo de la imagen, hay que destacar su fertilidad para el análisis de numerosos aspectos de la actividad científica, algunos de ellos inabordables con otras fuentes.

Aunque todos los géneros del grabado tienen interés para la historia de la ciencia, no cabe duda de que el capítulo más específico es el correspondiente a la ilustración de libros y revistas científicas. Ello explica que en él se haya centrado una tradición investigadora que se mantiene desde hace más de un siglo y que ha conducido a la publicación, no sólo de una amplia serie de estudios monográficos, sino de algunas obras de consulta cuyo manejo resulta indispensable. [1]

[1] El punto de partida de dicha tradición investigadora puede situarse en la obra de LUDWIG CHOULANT. De sus estudios sobre el tema anotaremos únicamente dos libros generalmente considerados como "clásicos": *Geschichte und Bibliographie der anatomischen Abbildung nach ihrer Beziehung auf anatomische Wissenschaft und bildende Kunst,* Leipzig, Weidel, 1852 (2.ª edición en inglés: *History and bibliography of anatomic illustration...* Translated and annotated by Mortimer Frank. Further essays by F. H. Garrison, M. Frank, E. C. Streeter; with a new historical essay by C. Singer..., New York, Schuman, 1945) y *Graphische Incunabeln für Naturgeschichte und Medicin,* Leipzig, Weidel, 1858 (reed. facsímil: München, Müchner Druck, 1924).

La historia del grabado en los impresos científicos españoles es una de las numerosas vertientes de nuestro patrimonio cultural mal conocidas por falta de estudios adecuados. Algunas ilustraciones concretas han sido analizadas por investigadores extranjeros [2] y las obras de consulta recién citadas se ocupan ocasionalmente de otras. Sin embargo, lo habitual en la literatura histórico-científica internacional es ignorar la aportación española o, a lo sumo, reproducir algún grabado aislado, en ocasiones sin noticia de su procedencia. Los propios cultivadores españoles de nuestra disciplina, con escasas excepciones, no suelen concederles más que la función decorativa a la que hemos aludido. Por otra parte, los historiadores del grabado español, aunque ofrecen interesantes noticias sobre ilustraciones científicas, les dedican una atención marginal, desde una perspectiva todavía dominada por la historia del arte. [3] Ésta es la razón de que, en lo que respecta al grabado científico, incluso en los mejores repertorios y tratados sobre la materia haya ausencias capitales, sobrevaloraciones y algunos errores. [4]

Entre las obras de consulta destacan: C. NISSEN, *Die botanische Buchillustration. Ihre Geschichte und Bibliographie,* 2.ª ed., Stuttgart, Hiersemann, 1966; C. NISSEN, *Die zoologische Buchillustration. Ihre Bibliographie und Geschichte,* Stuttgart, Hiersemann, 1969; R. HERRLINGER, *Geschichte der medizinischen Abbildung von der Antike bis um 1600,* 2.ª ed., München, Moos, 1967 (trad. inglesa: *History of medical illustration from antiquity to A.D. 1600,* London, Pitman, 1970); M. PUTSCHER, *Geschichte der medizinischen Abbildung. Von 1600 bis zur Gegenwart,* München, Moos, 1972; y la serie *Album of Science,* dirigida por I. B. COHEN, en especial el volumen de J. E. MURDOCH, *Album of Science: Antiquity to the Middle Ages,* New York, Scribner, 1984.

[2] Bastará citar un solo ejemplo: los grabados de la *Historia de la composición del cuerpo humano* (1556), de Juan Valverde de Amusco han sido estudiados, entre otros, por A. W. MEYER y S. K. WIRT, "The Amuscan Illustrations", *Bulletin of the History of Medicine, 14,* 666-687 (1943), y por R. HERRLINGER, *op. cit.,* pp. 122-126.

[3] Desde nuestro punto de vista, las obras generales de mayor interés son las de A. GALLEGO GALLEGO, *Historia del grabado en España,* Madrid, Cátedra, 1979; E. PÁEZ RÍOS, *Repertorio de grabados españoles en la Biblioteca Nacional,* 3 vols., Madrid, Ministerio de Cultura, 1981-1983; J. CARRETE, E. CHECA CREMADES y V. BOZAL, *El grabado en España (siglos XV-XVIII),* Madrid, Espasa-Calpe, 1987 [*Summa Artis,* vol. XXXI]. A ellas habrá que añadir en fecha próxima, entre otras, el catálogo de la Calcografía Nacional que actualmente prepara Juan Carrete.

[4] Solamente recordaremos dos sobrevaloraciones tradicionales: las de las figuras de la traducción por Andrés Laguna de la *Materia medica,* de Dioscórides (1555) –ignorando su directa dependencia de las de Piero Andrea Mattioli– y las toscas copias de algunas láminas del tratado anatómico de Vesalio incluidas en el *Libro de la anathomia del hombre* (1551), de Bernardino Montaña de Monserrate.

Superar esta situación exige, por una parte, una labor de recogida sistemática de las fuentes y, por otra, el desarrollo de líneas de investigación explícitamente consagradas al tema, a cargo de equipos de preparación muy diversa y dentro de un marco interdisciplinar abierto. Un acercamiento riguroso a la historia de la ilustración de los impresos científicos no puede hacerse, por supuesto, sin asociar la evolución técnica y artística del grabado con la historia interna y externa de la ciencia. Sin embargo, esta doble perspectiva no es suficiente. Hay que integrar además, entre otros, los puntos de vista de los estudiosos de la historia del libro y su ilustración, que comprenden desde los propios de la vieja erudición hasta enfoques socioeconómicos y culturales o análisis de los procesos de información y comunicación.[5]

Nunca me he enfrentado con un programa tan ambicioso, pero desde hace un cuarto de siglo vengo intentando contribuir a la historia del grabado científico español con algunos estudios monográficos y, sobre todo, con la reunión de materiales y su posterior difusión.[6] A esta

[5] Una visión de conjunto de dichos puntos de vista, con amplias selecciones bibliográficas, la ofrecen, entre otros, tres libros recientes: K. E. CARPENTER (ed.), *Books and Society in History,* New York & London, Bowker, 1983; E. L. EISENSTEIN, *The printing press as an agent of change,* 2 vols., Cambridge University Press, 1979; M. MELOT, *L'Illustration. Histoire d'un Art,* Genève, Skira, 1984.

[6] Los estudios monográficos son los siguientes: *El atlas anatómico de Crisóstomo Martínez, grabador y microscopista del siglo XVII,* Valencia, Ayuntamiento, 1964 (2.ª ed., 1982); "La repercusión en Francia de la obra anatómica de Crisóstomo Martínez", *Cuadernos de Historia de la Medicina Española, 6,* 87-100 (1967); *Grabados oftalmológicos españoles de cinco siglos,* Valencia, Cátedra de Historia de la Medicina, 1981 (en colaboración con E. MARTÍNEZ GARCÍA); "Juan Bautista Bru (1740-1799) y su contribución al grabado zoológico y paleontológico". En: *Zusammenhang. Festschrift für Marielene Putscher,* Köln, Wienand, 1984, pp. 547-579; *Las publicaciones valencianas de Cajal,* Valencia, Universidad de Valencia, 1983 (en colaboración con J. A. MICÓ NAVARRO); *Cajal,* Barcelona, Salvat, 1985. Por otra parte, he publicado selecciones de grabados españoles sobre áreas científicas concretas: *El arte de navegar en la España del Renacimiento,* Barcelona, Labor, 1979 (2.ª ed., 1986); *Clásicos españoles de la anatomía patológica anteriores a Cajal,* Valencia, Cátedra de Historia de la Medicina, 1979 (en colaboración con F. BUJOSA y M. L. TERRADA); *Clásicos españoles de la anestesiología,* Valencia, Cátedra de Historia de la Medicina, 1981 (en colaboración con F. BUJOSA). Por último, he procurado divulgar la contribución española al grabado científico a través de una sección fija de la revista *Investigación y Ciencia,* que publico mensualmente desde 1979, así como mediante libros de síntesis, como *Materiales para la historia de las ciencias en España.*

trayectoria pertenece la presente antología, cuya finalidad es ofrecer una selección de un centenar de grabados representativa de la ilustración en las diferentes áreas científicas desde el siglo XV hasta comienzos del actual. Pretende ser tan sólo un instrumento de divulgación, principalmente destinado a científicos y estudiantes, pero quizá pueda tener también alguna utilidad para especialistas en historia de la ciencia, del grabado o del libro, y contribuya a difundir la tradición científica española entre los historiadores generales.

Como mero esquema ordenador de los ejemplos seleccionados parece conveniente recordar los tipos de grabado que predominan en las ilustraciones de los textos impresos en cada uno de los períodos históricos de la ciencia moderna en España.

El Renacimiento fue una etapa casi enteramente xilográfica. Con escasas excepciones, que corresponden a la introducción de la calcografía en la ilustración anatómica y técnica, las figuras de los impresos procedentes de la actividad científica española de la época son grabados en madera sin firma. Recordemos que esta última fue rica en aportaciones de relieve y que, en general, se mantuvo integrada en las principales corrientes europeas.

Siglos XVI-XVII, Valencia, Pre-textos, 1976 (en colaboración con V. NAVARRO y E. PORTELA) y *La ciencia en la historia hispánica,* Barcelona, Salvat, 1982.

En la actualidad, AURELIO CABAÑAS GONZÁLEZ está catalogando los ricos fondos de grabados científicos españoles de la Biblioteca Historicomédica de la Facultad de Medicina de Valencia. Comenzó dicha tarea con su tesis de licenciatura en bellas artes, titulada *Los grabados españoles del siglo XVIII de la Biblioteca-Historicomédica de la Facultad de Medicina de Valencia,* Valencia, 1986. La práctica totalidad de los grabados reproducidos en la presente antología corresponden a ejemplares de esta Biblioteca, actualmente integrada en el Instituto de Estudios Documentales e Históricos sobre la Ciencia, centro mixto de la Universidad de Valencia y del Consejo Superior de Investigaciones Científicas.

A lo largo del siglo XVII persistió el uso de la xilografía, pero pasaron a primer plano las ilustraciones calcográficas, casi siempre realizadas por artistas conocidos. Ello coincidió con una profunda decadencia de la imprenta en España y con la ausencia de nuestro país del punto de partida de la Revolución Científica, que fue introducida a finales de la centuria por el llamado movimiento *novator.*

El siglo XVIII fue el período culminante de la calcografía de tema científico. El proteccionismo oficial propio de la Ilustración promovió al mismo tiempo el desarrollo de la imprenta, la actividad científica –que volvió a incorporarse a la trayectoria general europea– y el cultivo de la calcografía. De esta forma fue posible que los artistas de más prestigio se encargaran de ilustrar muchas publicaciones científicas con excelentes láminas calcográficas, principalmente a buril y al aguafuerte.

El panorama del siglo XIX es más complejo desde todos los puntos de vista. Por una parte, la actividad científica española sufrió un auténtico colapso durante el tercio inicial de la centuria que, gracias a los esfuerzos desarrollados en las décadas centrales, llegó a superarse en los años de la Restauración. Por otra, la calcografía, tras algunas manifestaciones terminales, fue desplazada por otras técnicas en la ilustración de textos científicos. La primera de ellas fue la litografía, introducida precisamente por un hombre de ciencia: el naturalista Carlos de Gimbernat. A lo largo de más de medio siglo fueron litografías en blanco y negro la mayoría de las láminas de los libros y revistas de tema científico y cuando, en torno a 1870, adquirió importancia industrial la cromolitografía, este procedimiento se incorporó también a los mejor editados. En los años setenta comenzó asimismo a difundirse en las publicaciones científicas la xilografía a testa, que llegó a ser la técnica dominante durante varias décadas. Hasta su desplazamiento por los procedimientos fotoquímicos –que no hemos incluido en la presente antología–, manuales didácticos, grandes tratados, monografías, simples folletos y publicaciones periódicas de todas las áreas científicas se llenaron de figuras xilografiadas a contrafibra, que casi siempre eran copias adocenadas y anónimas de dibujos o fotografías y sólo en contados casos obras firmadas por artistas destacados.

La selección que ofrecemos incluye ilustraciones de textos científicos importantes o grabadas por artistas conocidos, condiciones que a veces se dan por separado aunque en muchos casos coinciden. Se ha intentado que sean ejemplos representativos de la actividad española en las ciencias físico-matemáticas, químicas, de la tierra, biológicas y médicas desde finales del siglo XV hasta comienzos del actual, así como de la evolución artística y técnica de este aspecto del grabado. La antología se ha limitado a la ilustración científica propiamente dicha, excluyendo portadas y figuras meramente decorativas, así como retratos de científicos. También ha quedado fuera de nuestra selección el grabado cartográfico, capítulo con personalidad independiente de gran importancia, que tiene repertorios, ediciones y estudios propios.

De cada grabado se ofrece una escueta nota explicativa. El correspondiente aparato crítico no resulta aquí oportuno, por lo que remitimos a obras de referencia en las que el lector no especializado localizará fácilmente una información amplia y precisa acerca de los textos científicos y sus autores, así como sobre los grabadores y dibujantes.[7] Como es habitual, las medidas se dan en milímetros y ancho por alto; cuando ha sido posible se ha medido la huella de la plancha, pero por lo general se trata de los límites de la imagen reproducida, tanto si es un grabado como una o dos páginas con texto.

Es una grata obligación reconocer el decisivo papel que la capacidad y el entusiasmo de Jaume Josa y Manuel Soler han desempeñado en la publicación de la presente antología.

[7] Sobre los textos científicos y sus autores, *cf.* J. M. LÓPEZ PIÑERO, T. F. GLICK, V. NAVARRO y E. PORTELA (ed.), *Diccionario histórico de la ciencia moderna en España,* 2 vols., Barcelona, Península, 1983. Acerca de los grabadores y dibujantes, *cf.* las obras de GALLEGO GALLEGO, PÁEZ RÍOS, CARRETE, CHECA CREMADES y BOZAL citadas en la nota 3; A. CORREA, "Repertorio de grabadores españoles". En: *Estampas. Cinco siglos de imagen impresa,* Madrid, Ministerio de Cultura, 1981, pp. 243-292; así como el clásico repertorio de J. CEAN BERMÚDEZ, *Diccionario histórico de los más ilustres profesores de las Bellas Artes en España,* 6 vols., Madrid, Ibarra, 1800, con las *Adiciones* del CONDE DE LA VIÑAZA (4 vols., Madrid, Tipografía de los Huérfanos, 1889-1894).

LAMINAS

LÁMINA I

Correspondencias zodiacales con el cuerpo del caballo.

MANUEL DÍEZ, *Libro de albeyteria,* Çaragoça, Paulo Hurus, 1495.
175 × 192.

El aragonés Manuel Díez fue mayordomo de Alfonso V de Aragón en Nápoles, donde escribió, en fecha anterior a 1460, *Lo libre de menescalia,* tratado en el que culmina la literatura española bajomedieval sobre albeitería. Traducido al castellano y al francés y retraducido al catalán desde el castellano, aparte de una amplia difusión manuscrita, tuvo diez ediciones impresas hasta mediados del siglo XVI. El grabado que reproducimos, incluido en la edición zaragozana de 1495, es un ejemplo destacado de las ilustraciones xilográficas de los incunables científicos españoles, que tuvieron en la capital aragonesa uno de sus principales centros de procedencia. Refleja el recurso a la astrología, habitual en la época por parte de la medicina veterinaria y humana.

¶ Enla figura presente parecen los doze signos/ ꝛ cada vno dellos señala con vna barra la parte que manda/o señorea de todo el cuerpo: es declaracion para que se guarden tocar los miẽbros aqui señalados quando la luna fuere en cada vno delos dichos signos. sus condiciones ꝛ contrariedades enla siguiente scritura las fallaran muy bien declaradas.

Lámina II

[Izquierda, arriba] Página introductoria de las tablas astronómicas de Abraham Zacuto.

Abraham Zacuto, *Almanach perpetuum...*, Leiria, Alfonso de Orta, 1496.
120 × 120.

[Izquierda, abajo] Esquemas relativos al método de Juan de Ortega para la extracción de raíces cuadradas.

Juan de Ortega, *Tratado subtilissimo de Arismetica y de Geometria...*, Sevilla, Juan Cromberger, 1534.
250 × 210.

[Derecha, arriba] Demostración gráfica de la ausencia de paralaje de la *nova* de 1572.

Jerónimo Muñoz, *Libro del nuevo cometa, y del lugar donde se hazen...*, Valencia, Pedro de Huete, 1573.
130 × 79.

[Derecha, abajo] Tabla con las distintas esfericidades de las lentes empleadas en los primeros anteojos astronómicos, entre ellos, los de la familia Roget.

Girolamo Sirturo, *Telescopium, sive Ars perficiendi novum illud Galilaei visorium instrumentum ad sydera*, Frankfurt, P. Jacobi, 1618.
325 × 400.

Estas cuatro páginas corresponden a otras tantas contribuciones de relieve a la astronomía y las matemáticas. El judío salmantino Abraham Zacuto (*ca.* 1452 - *ca.* 1515) es la figura en la que puede personificarse el enlace con la brillante tradición ibérica medieval en el campo de la observación astronómica. Su discípulo José Vecino o Vizinho tradujo al latín y al castellano un resumen de su libro más importante, *Hibbur ha-gadol*, que incluye un breve sumario del texto y las tablas correspondientes a las efemérides del Sol, la Luna y los planetas, calculadas para el meridiano de Salamanca. Impreso por primera vez en 1496 en la localidad portuguesa de Leiria y reeditado después en Venecia en seis ocasiones, dicho resumen tuvo una influencia decisiva en el desarrollo de la náutica, primero en Portugal y a continuación en España, ya que sus tablas de declinación solar fueron utilizadas para calcular sistemáticamente las latitudes, mediante la altura del Sol, por los navegantes portugueses que llegaron a la India y en los primeros viajes españoles a América.

El palentino Juan de Ortega (*fl.* 1515-1542) fue autor del más importante tratado de cálculo mercantil publicado en la España del siglo xvi. Aparecido originalmente en 1512, tuvo cinco reediciones en castellano y fue traducido al italiano y al francés, siendo el primer texto de aritmética comercial impreso en Francia y en este último idioma. A pesar de su carácter pragmático, contiene una aportación teórica de interés: un método original de extracción de raíces cuadradas que proporciona una aproximación óptima en forma de número racional.

El valenciano Jerónimo Muñoz (*ca.* 1520 - *ca.* 1591) planteó con sus observaciones de la *nova* de 1572, las más tempranas y exactas efectuadas en Europa, una importante crítica a los supuestos de la cosmología antigua. Su propósito explícito fue demostrar que estaba situada en el mundo celeste y que, por lo tanto, en éste se producían cambios, frente a lo que suponía la doctrina aristotélica tradicional. Lo consiguió con sus observaciones, comprobando que "su paralaje era tan pequeña que no podía ser sublunar". Esta contribución pesó en toda Europa en la preparación de la nueva astronomía, siendo citada, entre otros, por Tycho Brahe y Galileo.

Pere Roget, su hermano Joan y sus hijos Joan, Magí y Miquel, fueron una familia de "ullerers" o constructores de lentes de finales del siglo xvi cuya actividad convierte a Cataluña en uno de los escenarios de la invención del anteojo astronómico, realizada simultáneamente en diversos lugares de Europa. Girolamo Sirturo, un seguidor de Galileo afirma que "nadie ha trazado telescopios más exactos que los Roget" en su obra *Telescopium* (1618), primera monografía sobre el tema. Según su tabla, que reproducimos, el anteojo astronómico de los Roget constaba de una lente convexa de esfericidad CBD y de otra cóncava de esfericidad correspondiente al círculo centrado en la división 12.

De dignitates planetaꝝ in ſignis no tande ſunt per maxime in iudiciis										
ſignũ	ſatñ⁹	iouiſ	mãrs	ſol	ve⁹	mer	luna	capt	caud	
♈	5	5	8	8	3	2	0			
♉	3	2	5	0	10	3	8			
♊	5	6	3	1	2	10	0	4		
♋	2	6	5	0	6	3	9			
♌	6	6	3	8	2	2	0			
♍	2	2	5	1	6	12	3			
♎	10	6	2	0	6	5	1			
♏	2	2	11	1	6	2	3			
♐	6	10	2	3	2	3	1		4	
♑	7	3	10	1	5	2	3			
♒	10	5	2	0	3	6	1			
♓	3	8	6	0	9	2	3			

characteres ſignoꝝ zodiaci			
♈	Aries	♎	libra
♉	Taurus	♏	Scorpi⁹
♊	gemini	♐	Sagictari⁹
♋	Cancer	♑	Capcorni⁹
♌	leo	♒	Aquari⁹
♍	Virgo	♓	piſces

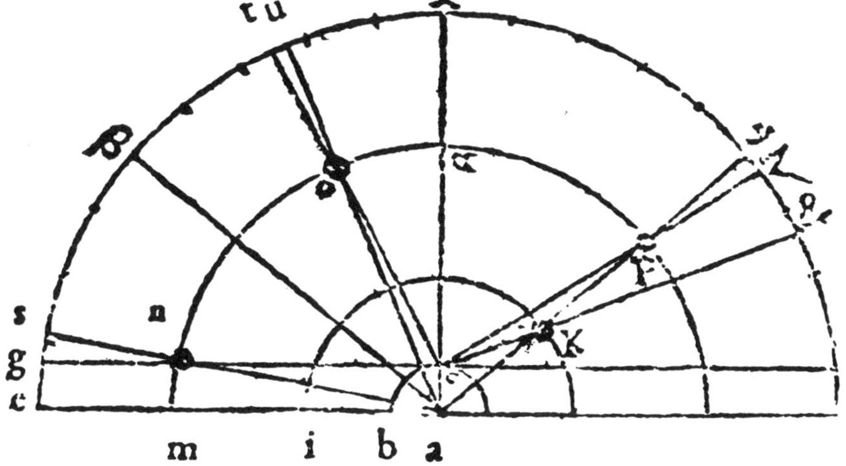

Reglas de geometria.

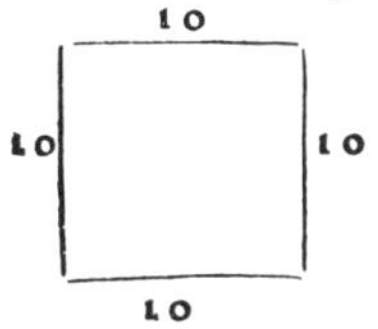

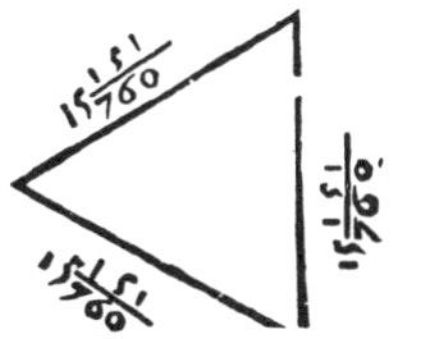

⁋ Es vna trra la q̃l tiene.5.triãgulos ⁊ tiene por cada faz.12.varas:⁊ tiene por cada vna faz ďlas ď dentro.10.varas: demãdo q̃ q̃ntas varas aura ẽ toda la tal trra: faras aſſi: multiplica por ſi las diez varas q̃ tiene q̃lq̃era delas fazes ď dẽtro ⁊ mõtarã.100. deſpues toma la mitad ďlas.12. varas q̃ tiene q̃lq̃era delas hazes ď fuera q̃ ſon.6.⁊ multiplicalas por ſi ⁊ montarã.36.los q̃les.36. q̃talos ďlos.100.⁊ q̃darã.64.ďſpues toma ďſtos.64.la rayz q̃dzada q̃ ſon.8.⁊ tãtas varas terna por pẽdicular q̃lq̃era de los triãgulos: pues toma la mitad ďlas.12.varas.q̃ tiene q̃lq̃era delas fazes ď fuera q̃ ſon.6.⁊ multiplica cõ ellos las.8.varas q̃ tiene por pendicular qualquiera de los triangulos/⁊ montaran.48.⁊ aſſi diras q̃ terna qualquiera delos.5.triangulos.48.varas: pues porq̃ ſon.5.triangulos: multiplica las.48.varas que tiene qualquiera delos triangulos por.5.⁊ montaran.240.varas/⁊ tantas varas diras que tiene la tal tierra.

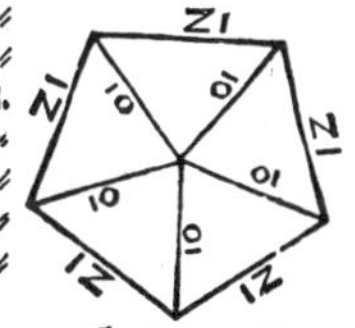

⁋ Es vna tierra la q̃l eſta fecha como ſeys triãgulos en q̃ tiene por cada vna faz ďlas ď fuera.10.varas:⁊ por cada vna faz ďlas ď dẽtro.10.varas: demando q̃ quãtas varas terna toda la tierra haras aſſi: multiplica por ſi las.10 varas que tiene cada vn triangulo por la faz de fuera ⁊ montaran.100.delos quales.100.quita la quarta parte q̃ ſon.25.⁊ q̃darã.75.ďſpues toma la rayz quadrada ďſtos.75.⁊ hallaras q̃ ſon.8.varas y $\frac{107}{156}$ ď vara ⁊ tantas

Reglas de geometria. 231

varas terna cada vn triãgulo por pendicular: pues toma la mitad delas.10.varas que tiene cada triangulo por la faz defuera q̃ ſon.5.⁊ multiplica los.5.por las.8.varas y $\frac{107}{156}$ ď vara q̃ tiene el pẽdicular ď cada triãgulo/⁊ mõtaran.43.varas ⁊ $\frac{47}{56}$ ď vara:⁊ tãtas varas diras q̃ tiene cada triangulo: pues porq̃ ſon.6.triãgulos multiplica.6.por.43 $\frac{47}{16}$ ⁊ mõtaran.259.varas y $\frac{126}{156}$ de vara ⁊ tantas varas diras que aura en todos los.6.triangulos que ay enla tierra.

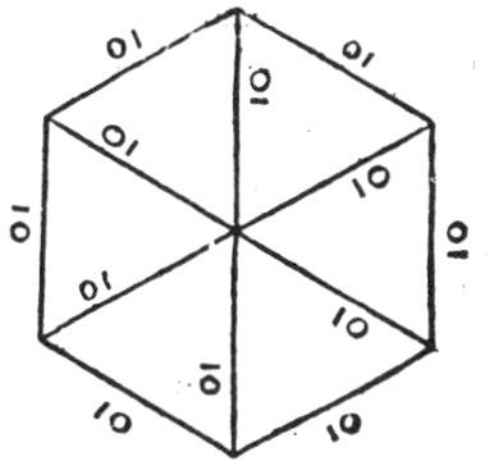

⁋ Vn hõbre tiene dos fortalezas en q̃ la vna tiene.50.varas de alto:⁊ la ſegũda tiene.30.varas de alto: eſtas.2.torres eſtã apartadas la vna ďla otra.20.varas: y el dueño deſtas dos torres q̃ere hazer vn paſſadizo ďla vna pũta de la vna torre faſta la otra pũta ďla otra torre demãdo q̃ quãtas varas terna ď largo el tal paſſadizo.

⁋ Faras aſſi: multiplica los.20.por ſi ⁊ montarã.400.ďſpues reſta delas 50.varas q̃ tiene la vna torre ď alto las.30.varas q̃ tiene la ſegũda ⁊ q̃darã.20.los q̃les.20.multiplica por ſi/⁊ mõtarã.400.los q̃les ayunta alos otros.400.⁊ ſerã.800.delos quales 800.q̃ta la rayz q̃drada q̃ ſon.28.varas y $\frac{17}{693}$ ď vara:⁊ tantas varas terna el paſſadizo.

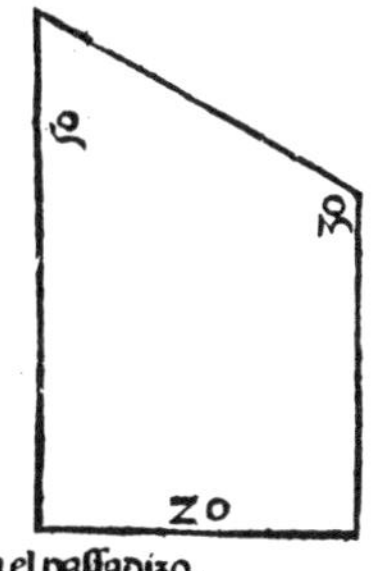

⁋ Vn cauallero tiene vna torre la q̃l tiene.50.varas ď alto:⁊ q̃ere hazer vna eſcala q̃ ſe aparte.40.varas deſde el cimiẽto de la torre: demãdo que quãtas varas terna la eſcala dẽde la pũta ď

TABVLA COMPLECTENS EXACTISSIMAM PERSPICILLORVM ARTEM, ET ADMIRANDI TELESCOPII PROPORTIONES.

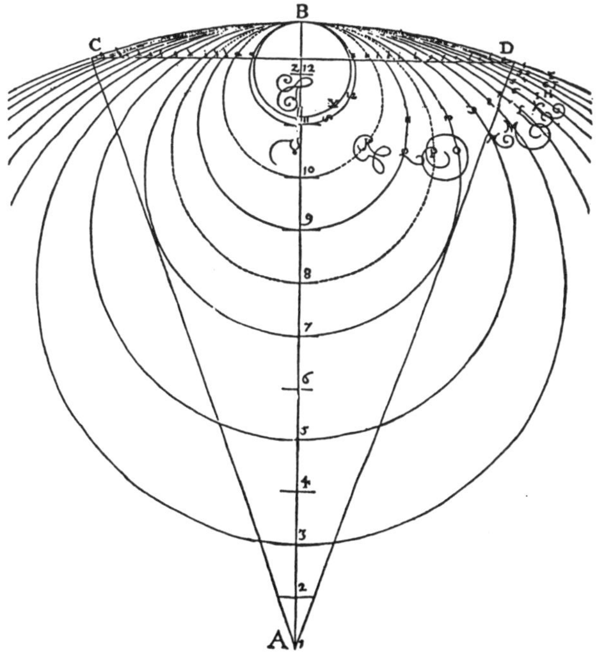

LÁMINA III

"Trazado de un cuerpo de seis superficies octógonas y otro de ocho triángulas".

JUAN DE ARFE Y VILLAFAÑE, *De varia commesuración para la Esculptura, y Arquitectura,* Sevilla, Andrea Pescioni y Juan de León, 1585.
120 × 224.

La mayoría de las ilustraciones de los libros de matemáticas españoles del siglo XVI, incluidos los de mayor altura científica, son muy modestos desde el punto de vista gráfico. Entre las excepciones destacan las xilografías del "libro" de geometría aplicada a las artes que encabeza *De varia commesuración,* del leonés Juan de Arfe y Villafañe (1535-1603). Recordado generalmente por su labor artística como orfebre, Arfe ocupa también un lugar de relieve en la historia de la ciencia, sobre todo por sus contribuciones al análisis químico de los metales preciosos, a las que después nos referiremos (lámina VII). Cultivó también las matemáticas, la anatomía y la historia natural aplicadas al arte, materias que expuso en *De varia commesuración.* Esta obra fue reeditada hasta comienzos del siglo XIX, aunque con grandes cambios con respecto al original.

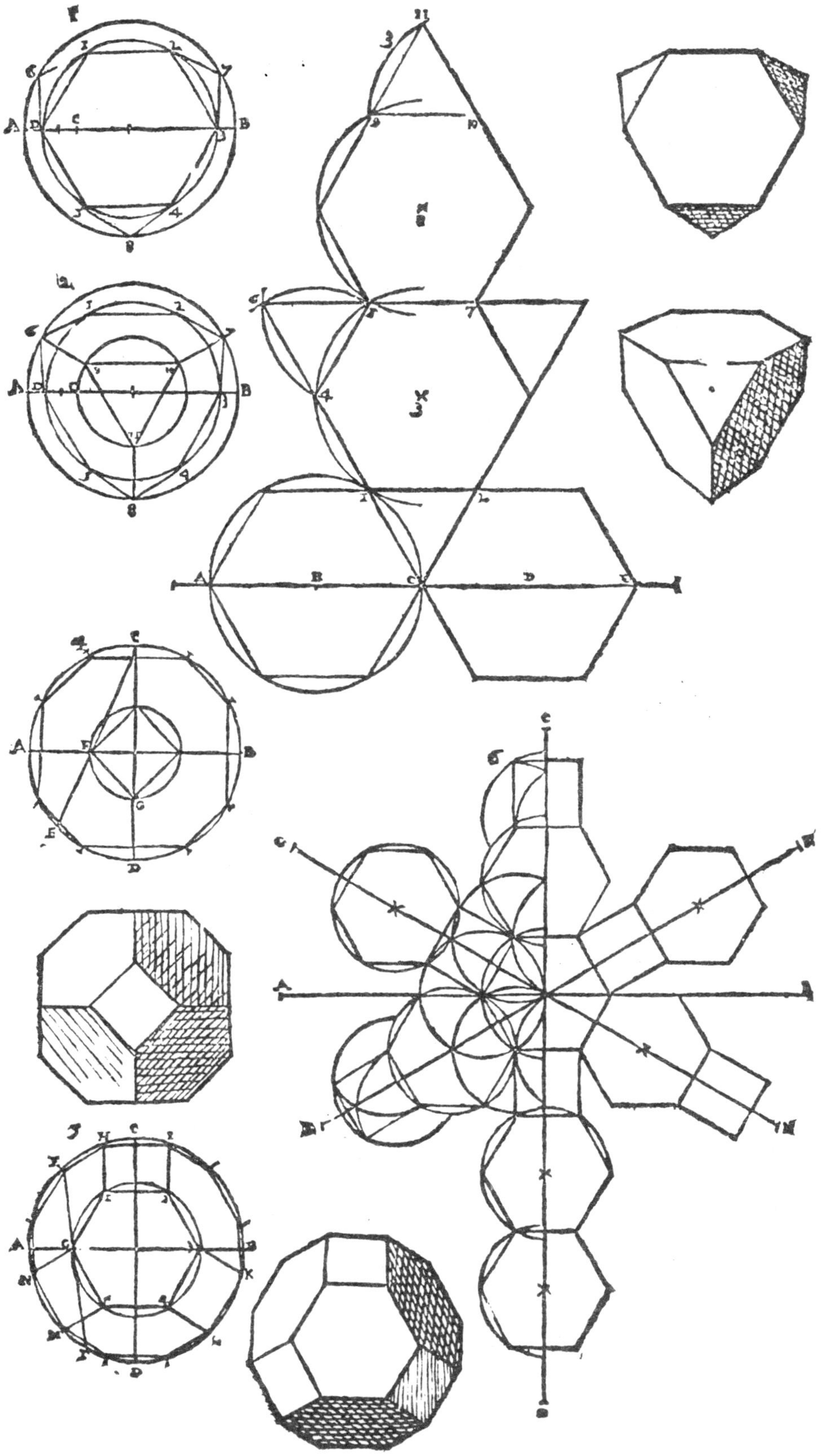

LÁMINA IV

Faz y dorso del "astrolabio universal" de Juan de Rojas Sarmiento.

JUAN DE ROJAS SARMIENTO, *Comentariorum in Astrolabium, quod Planispherium vocant, libri sex...,* Lutetiae, apud Vascosanum, 1550.
140 × 190; 140 × 194.

Rojas forma parte del grupo de cultivadores españoles de la astronomía práctica de la primera mitad del siglo XVI que realizó notables contribuciones relacionadas con los instrumentos de observación. Esta obra suya dio a conocer en Europa la proyección ortográfica de la esfera. La *faz* de su astrolabio lleva una serie de coronas concéntricas con los meses, signos del Zodíaco, grados que corresponden a cada uno, etc. En su parte central, la superficie de la *lámina* está dividida en cuadrantes, dedicados a la conversión de horas iguales a desiguales, a una escala altimétrica y a indicar la situación de algunas estrellas. Sobre la lámina aparece la *alidada* o regleta móvil destinada a observar los astros a través de los orificios circulares de sus pínulas; presenta un diámetro o *línea fiduciaria,* con divisiones de un radio con la inscripción "Horae ortus" en uno y "Horae ocasus" en el otro. El *dorso,* aparte de una corona graduada, tiene grabada una proyección ortográfica de la esfera celeste sobre el coluro de los solsticios. Los paralelos aparecen como líneas rectas y los meridianos, como líneas elípticas que tienen como eje mayor un meridiano central recto y perpendicular al ecuador celeste. Sobre esta proyección está situada una regleta que sirve de *horizonte móvil* y un *cursor,* ambos asimismo graduados.

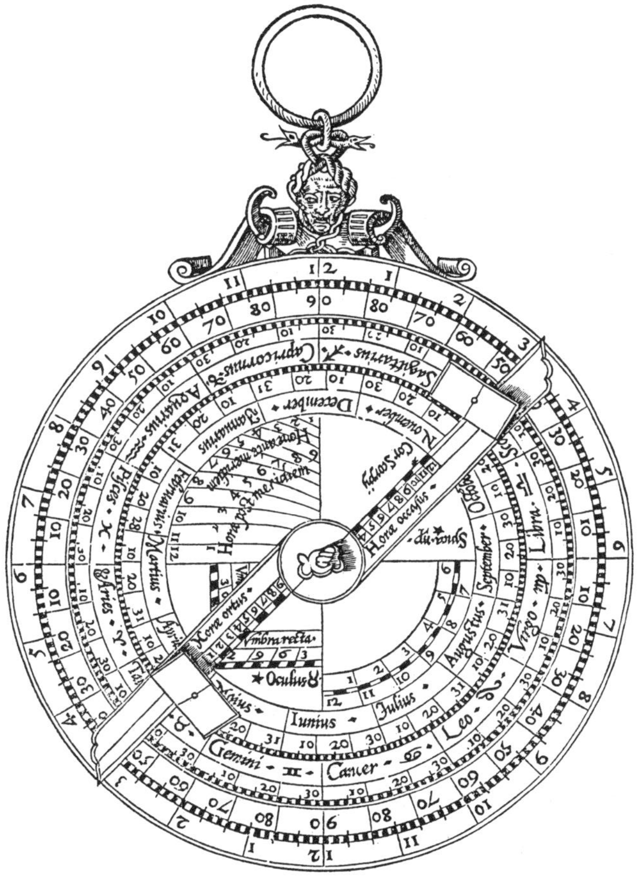
Ianuarius
Februarius
Martius
Aprilis
Iunius
Iulius
Augustus
September
December
Capricornus
Aquarius
Sagittarius
Pisces
Aries
Gemini
Cancer
Leo
Virgo
Libra
Hore ortus
Hore occasus
Umbra recta
Oculus Tauri
Cor Scorpii
Spica

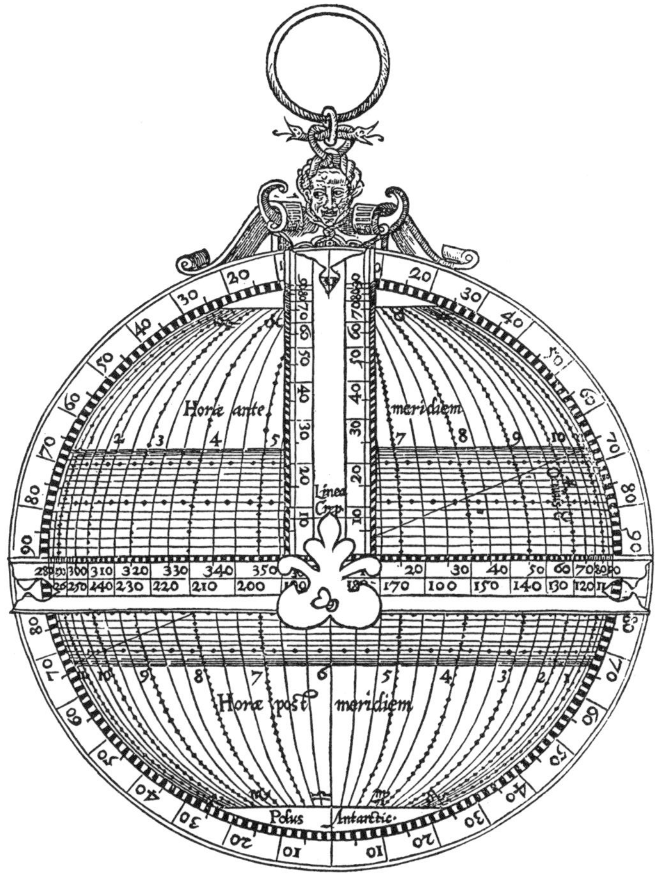
Horae ante
meridiem
Horae post
meridiem
Linea
Cap.
Polus
Antarctic.

Lámina V

[Izquierda, arriba] Astrolabio náutico.

Martín Cortés, *Breve compendio de la Sphera y de la arte de navegar...,* Sevilla, Antón Álvarez, 1551.
117 × 129.

[Izquierda, abajo] Determinación, mediante la ballestilla, de la altura del polo norte celeste.

Pedro de Medina, *Regimiento de navegación...,* Sevilla, Simón Carpintero, 1563.
114 × 123.

[Derecha, arriba] Cuadrante.

Diego García de Palacio, *Instrucción náuthica para el buen uso y regimiento de las naos...,* México, Pedro Ocharte, 1587.
94 × 95.

[Derecha, abajo] Rosa de los vientos, en el interior del "mortero".

Rodrigo Zamorano, *Compendio de la arte de navegar...,* Sevilla, Andrés Pescioni, 1582.
90 × 88.

La institución que centralizó la actividad náutica en la España del siglo xvi fue la Casa de Contratación, de Sevilla. Fundada en 1503 como órgano del poder real para controlar todo el movimiento de hombres y mercancías con América, además de cumplir funciones de tipo administrativo, se convirtió en uno de los principales núcleos de la ciencia aplicada de la época. En relación directa o indirecta con ella se escribió la mayoría de los textos españoles consagrados al arte de navegar, primeros tratados de náutica y una de las principales aportaciones españolas a la literatura científica moderna. Los de mayor relieve fueron el *Arte de navegar* (1545), de Pedro Medina y el *Breve compendio de la Sphera y de la arte de navegar* (1551), de Martín Cortés, que alcanzaron una extraordinaria difusión en Europa –cuarenta y dos ediciones en cinco idiomas– e impusieron la imagen de la nueva disciplina. Son dignos también de mención, entre otros, el manual destinado a los pilotos que el propio Medina publicó con el título de *Regimiento de navegación* (2.ª ed. ampliada, 1563), el *Compendio del arte de navegar* (1582), de Rodrigo Zamorano y la *Instrucción náutica* (1587), de Diego García de Palacio. Este último incluye el primer tratado de construcción naval editado en el mundo, resultando muy significativo que fuera impreso en México.

Dos aspectos fundamentales del arte de navegar eran la determinación de la latitud y la del rumbo. La primera se realizaba midiendo la altura del Sol durante el día y de la Estrella Polar (o de la Cruz del Sur) durante la noche, asociada a las correspondientes tablas de declinación; para las observaciones se utilizaban adaptaciones de instrumentos astronómicos: versiones simplificadas de los astrolabios, ballestillas y cuadrantes. El rumbo se determinaba mediante la brújula o "aguja de marear", colocada en una caja provista de una "rosa de los vientos".

Los grabados de los tratados de náutica españoles de este siglo constituyen uno de los más ricos e interesantes capítulos de la ilustración xilográfica de textos científicos. Los cuatro que reproducimos aquí apenas necesitan comentarios. El "mortero" en cuyo interior estaba la rosa de los vientos era, según el propio Zamorano, "una caja de madera de hechura de una grande escudilla, que se cierra con un vidrio claro y redondo, tapando las junturas con cera, para que a la rosa no le entre el aire que la perturbe"; las esferas "interior y exterior", que eran de latón, y la "caja cuadrada" estaban dispuestas de tal forma que, "aunque esta caja de fuera se trastorne con el movimiento de la nao a una y otra parte, siempre la sobrehaz y vidrio del mortero ande a nivel con el horizonte". Para tener idea de la adaptación al arte de navegar de los instrumentos de observación astronómica es interesante comparar el astrolabio de Rojas Sarmiento (lámina IV) con el náutico.

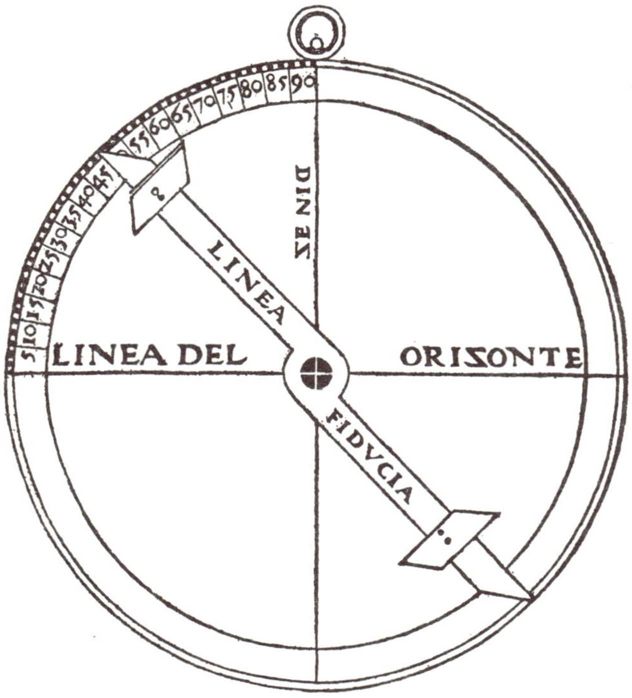

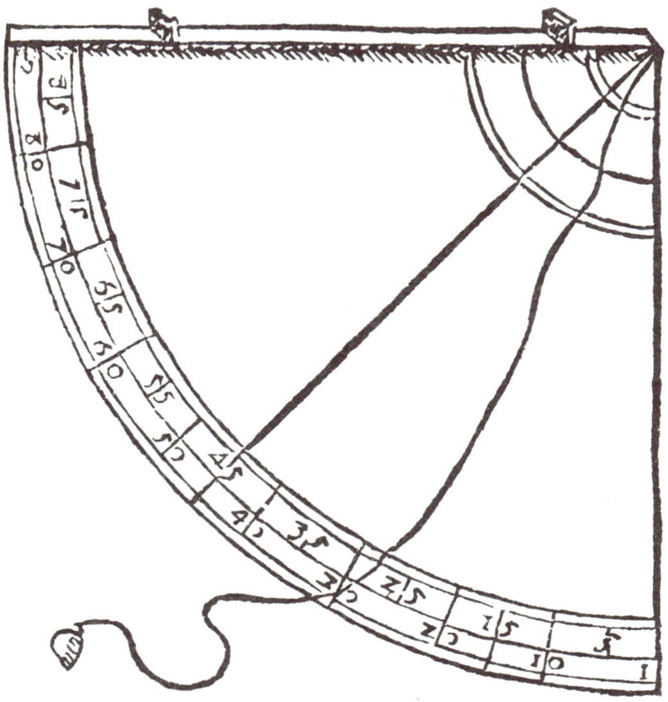

Libro tercero del altura del Norte.

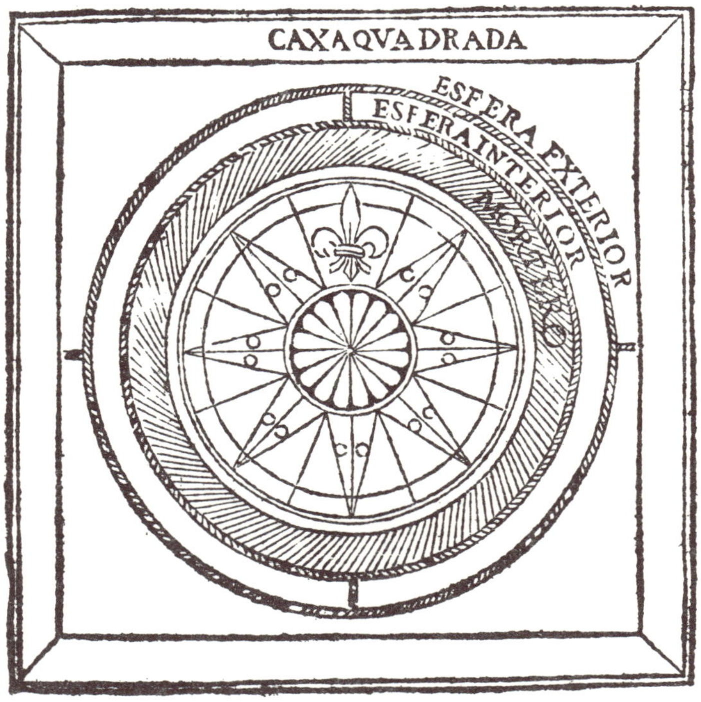

LÁMINA VI

[Izquierda] El sistema geocéntrico de Tolomeo.

PEDRO DE MEDINA, *Arte de navegar...,* Valladolid, Francisco Fernández de Córdoba, 1545.
145 × 143.

[Derecha] Reloj diurno universal.

MARTÍN CORTÉS, *Breve compendio de la Sphera y de la arte de navegar...,* Sevilla, Antón Álvarez, 1551.
130 × 204.

El arte de navegar del siglo XVI se basó en el sistema geocéntrico de Tolomeo. Solamente en las décadas finales de la centuria la obra de Copérnico fue ampliamente utilizada como un nuevo fundamento técnico para la construcción de tablas y el cálculo de efemérides.

La determinación de la hora local verdadera era otra de las exigencias de la navegación de la época. Como los relojes normales de sol se construían para una determinada latitud, a medida que la nave se apartaba de ella sus indicaciones eran cada vez más erróneas. Para solucionar este problema se idearon relojes "universales" como el inventado por Martín Cortés, que tenía un disco de horas movibles para que, en cualquier latitud, su plano estuviera paralelo al del ecuador; además, iba provisto de una brújula para orientar su línea central en el sentido del meridiano.

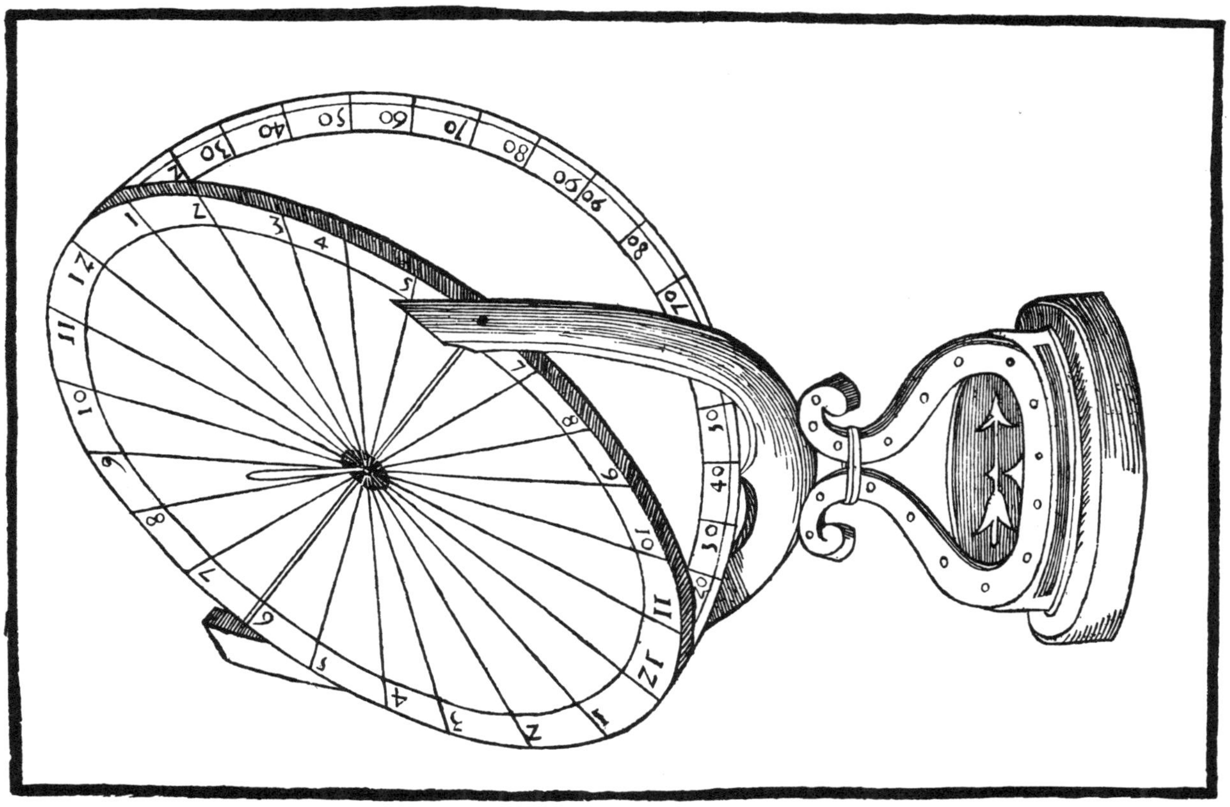

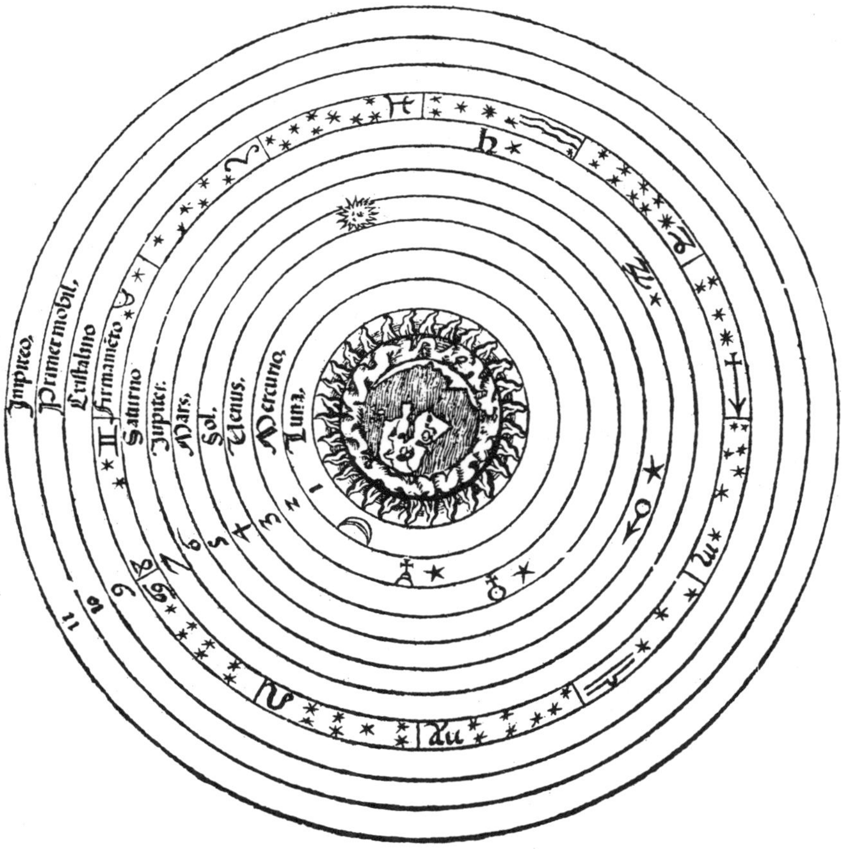
Inpireo,
Primer mobil,
Cristalino
Firmamẽto
Saturno
Jupiter.
Mars,
Sol,
Venus,
Mercurio,
Luna,

Lámina VII

[Izquierda] Balanza de laboratorio.

[Derecha, arriba] Ensayador trabajando en su latoratorio.

[Derecha, abajo] Recipientes para el ensayo del oro.

Juan de Arfe y Villafañe, *Quilatador de la plata, oro y piedras,* Valladolid, Alonso y Diego Fernández de Córdoba, 1572.
80 × 122; 83 x 73; 75 × 45.

La importancia económica que la determinación de la ley de las monedas tuvo en la España del siglo xvi motivó que en las cecas se instalaran quizá los mejores medios técnicos de la época para el análisis químico cuantitativo. La principal figura en este campo fue Juan de Arfe y Villafañe, personalidad de la que ya nos hemos ocupado (lámina III), quien fue ensayador de la ceca de Segovia y publicó la primera monografía europea consagrada al tema. Lo mismo que su otro libro, el *Quilatador* incluye una amplia serie de excelentes ilustraciones xilográficas. La primera que reproducimos representa una balanza de laboratorio que es un temprano ejemplo de la línea que conduciría a las modernas de precisión. En la segunda, el ensayador aparece colocando una copela en la boca superior del hornillo y tiene a sus espaldas la balanza. La tercera corresponde a una redoma y otros recipientes para ensayar el oro con ácido nítrico por la técnica llamada de "encuartación".

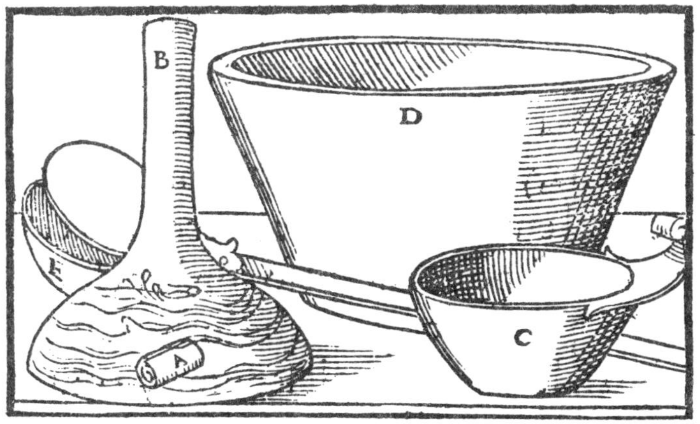
B
D
E
A
C

Lámina VIII

[Izquierda, arriba] Tabaco.

[Izquierda, abajo] Sasafrás.

Nicolás Monardes, *Primera y Segunda y Tercera Partes de la Historia Medicinal de las Cosas que se traen de nuestras Indias Occidentales que sirven en Medicina...*, Sevilla, Alonso Escribano, 1574.
102 × 107; 102 × 129.

[Derecha, arriba] Nuez moscada.

[Derecha, abajo] Hoja y bayas de pimienta negra.

Cristóbal Acosta, *Tractado de las drogas, y medicinas de las Indias Occidentales, con sus plantas debuxadas al bivo...*, Burgos, Martín de Victoria, 1578.
93 × 160; 93 × 160.

Uno de los motivos del estudio de la naturaleza americana durante el siglo xvi fue el aporte de nuevos productos curativos. En este terreno sobresale la obra del sevillano Nicolás Monardes, generalmente considerado como uno de los fundadores de la farmacognosia. Su *Historia Medicinal* incluye la primera descripción de varias especies vegetales, entre ellas, el sasafrás (*Sassafras officinale* L.), pero sobre todo, la primera detallada y correcta de otras muchas, como el tabaco (*Nicotiana tabacum* L.). De varias ofrece figuras que, aunque son grabados en madera bastante toscos, fueron copiadas del natural, principalmente de los ejemplares cultivados en el jardín de su casa de Sevilla.

Parecida significación tiene para Asia Oriental el *Tractado* de Cristóbal Acosta, médico de origen judeoconverso afincado en Burgos que había estado en la India con García de Orta, el gran estudioso de la materia médica de la zona. Contiene figuras muy minuciosas, que fueron las primeras publicadas en Europa sobre plantas de dicha procedencia. Acosta hizo constar en el mismo título de la obra que estaban “debuxadas al vivo”. En ocasiones, anota la fecha y el lugar en los que realizó el dibujo, como sucede en la correspondiente a una hoja e infrutescencia de pimienta negra (*Piper nigrum* L.), que reproducimos junto a la de la nuez moscada (*Myristica moschata* Thumb).

Ambos libros, como otras muchas obras de naturalistas españoles de la época, tuvieron una amplia difusión europea. El de Acosta fue traducido al latín, italiano y francés, y el de Monardes alcanzó más de cuarenta ediciones en siete idiomas.

EL TA-

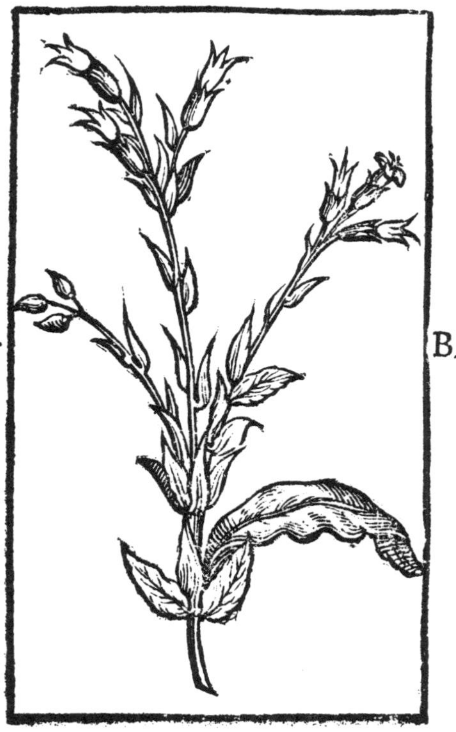

BACO.

Dela Nuez Moscada.

EL SASSAFRAS.

Dela Pimienta.

Hoja dela Pimienta, al natural sacada.

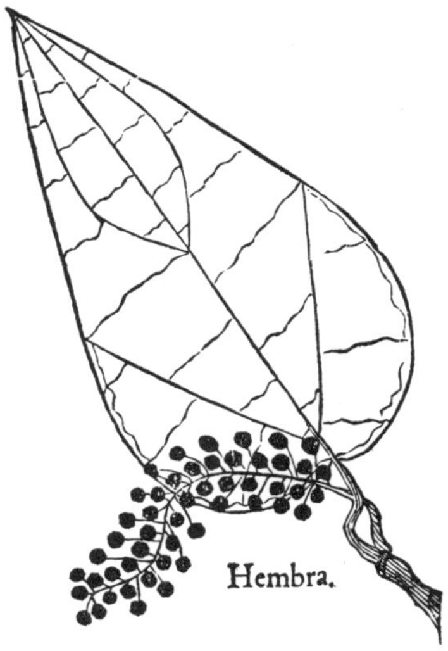

En el Malabar, en los bosques de Cranganor junto al Rio Mangate, saque esta hoja dela propria planta Año Domini. M. D. L XIX.

LÁMINA IX

[Izquierda, arriba] "Tómatl".

[Izquierda, abajo] "Tzopílotl".

[Derecha, arriba] "Tlaolli".

[Derecha, abajo] "Ocelotl".

FRANCISCO HERNÁNDEZ, *Rerum medicarum Novae Hispaniae Thesaurus...*, Roma, J. Mascardi, 1628.
67 × 117; 135 × 87; 60 × 110; 140 × 70.

En 1570 se organizó la que hoy se considera primera expedición científica moderna, destinada por Felipe II a investigar "la historia de las cosas naturales de nuestras Indias". Dirigida por el toledano Francisco Hernández, estudió de 1571 a 1577 la naturaleza mexicana, reuniendo "setenta y ocho talegas de simientes y raíces", una enorme cantidad de plantas vivas y secas, y 38 volúmenes de textos, tres de ellos en náhuatl. Parte de este material fue dado a conocer en varios libros impresos, siendo el más difundido en Europa la edición del resumen de la obra de Hernández que publicó en Roma la famosa Accademia dei Lincei, de la que era miembro Galileo. Sus ilustraciones xilográficas, aunque mediocres en comparación con los originales, dieron a conocer a la comunidad científica europea innumerables especies de la flora y la fauna novohispana. Hemos seleccionado las que Hernández tituló, en náhuatl, "tómatl" (tomatera, *Solanum lycopersicum* L.), "tlaolli" (maíz, *Zea mays* L.), "tzopílotl" (zopilote, *Catartes aura* Illig) y "ocelotl" (ocelote, *Felis pardalis,* L.).

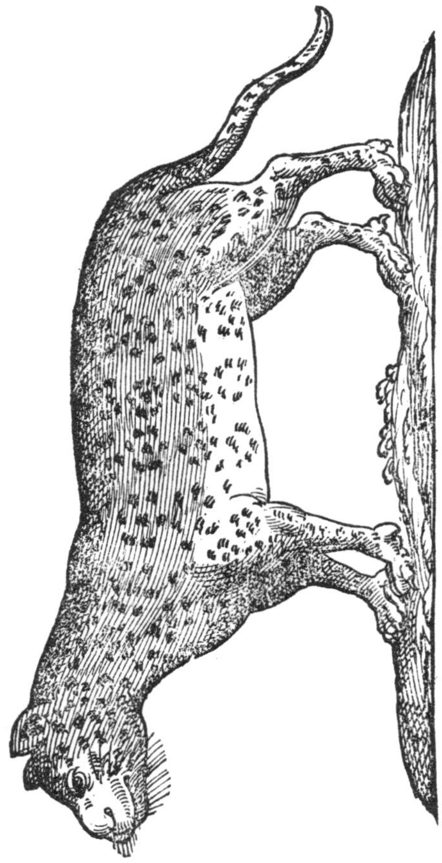

LÁMINA X

ANTONIO SALAMANCA, ¿dib. por GASPAR BECERRA?: Figura anatómica desollada.

JUAN VALVERDE DE HAMUSCO, *Historia de la composición del cuerpo humano,* Roma, Antonio Salamanca y Antonio Lafrerii, 1556.
150 × 222.

La obra del palentino Juan Valverde de Hamusco fue uno de los textos que más contribuyó a difundir en toda Europa la nueva anatomía posterior a la reforma encabezada por Andrés Vesalio, que impuso el atenimiento a lo observado en las disecciones de cadáveres humanos. Baste anotar que, de forma total o parcial, fue reeditada en poco más de un siglo dieciséis veces en cuatro idiomas.

Como hemos adelantado en la introducción, sus ilustraciones han merecido numerosos estudios. Se trata de cuarenta y dos láminas grabadas en cobre, en su mayor parte tomadas de las xilografías de *De humani corporis fabrica,* de Vesalio. Sin embargo, quince son completamente independientes, entre ellas, algunas de gran importancia científica, como cuatro figuras de los músculos oculares y otra de los huesecillos del oído que incluye el estribo, aunque la más famosa es el "hombre muscular" desollado que reproducimos. Por otra parte, Valverde introdujo en las figuras de la *Fabrica* modificaciones, que unas veces significaron mayor precisión –como en las relativas al fémur y la pelvis– y otras fueron simples concesiones al gusto artístico del momento. La atribución tradicional de estas ilustraciones a Gaspar Becerra no está demostrada. Parece poco probable que un gran artista, con la sólida preparación anatómica que tenía Becerra, se encargara de la copia de las figuras de otro libro, por lo que la atribución hay que referirla, en todo caso, al "hombre muscular" y al resto de ilustraciones originales, así como a la portada.

El tratado de Valverde inició la era de la ilustración anatómica calcográfica, cuya vigencia se mantendría hasta comienzos del siglo XIX. Al mismo tiempo fue el primer libro científico español con grabados en cobre. Hasta ahora no ha sido tenido en cuenta que fueron con toda probabilidad realizados por Antonio Salamanca, grabador que ejerció su actividad en Roma de 1538 a 1563, estando asociado a partir de 1553 con Antonio Lafreri, importante editor de estampas. Como es sabido, en las imprentas de la propia España significaron un hito para la ilustración calcográfica las láminas que el flamenco Perret grabó desde 1584 para el *Sumario y breve declaración de los diseños y estampas de la fábrica de San Lorenzo del Escorial,* de Juan de Herrera. Se ha supuesto que Antonio Salamanca estableció la conexión entre Perret y Herrera, que introdujo en nuestro país, no el grabado en cobre, sino la calcografía aplicada a la industria editorial tal como se estaba desarrollando en los Países Bajos.

TAB. PRIMERA DEL LIB. SEGVNDO

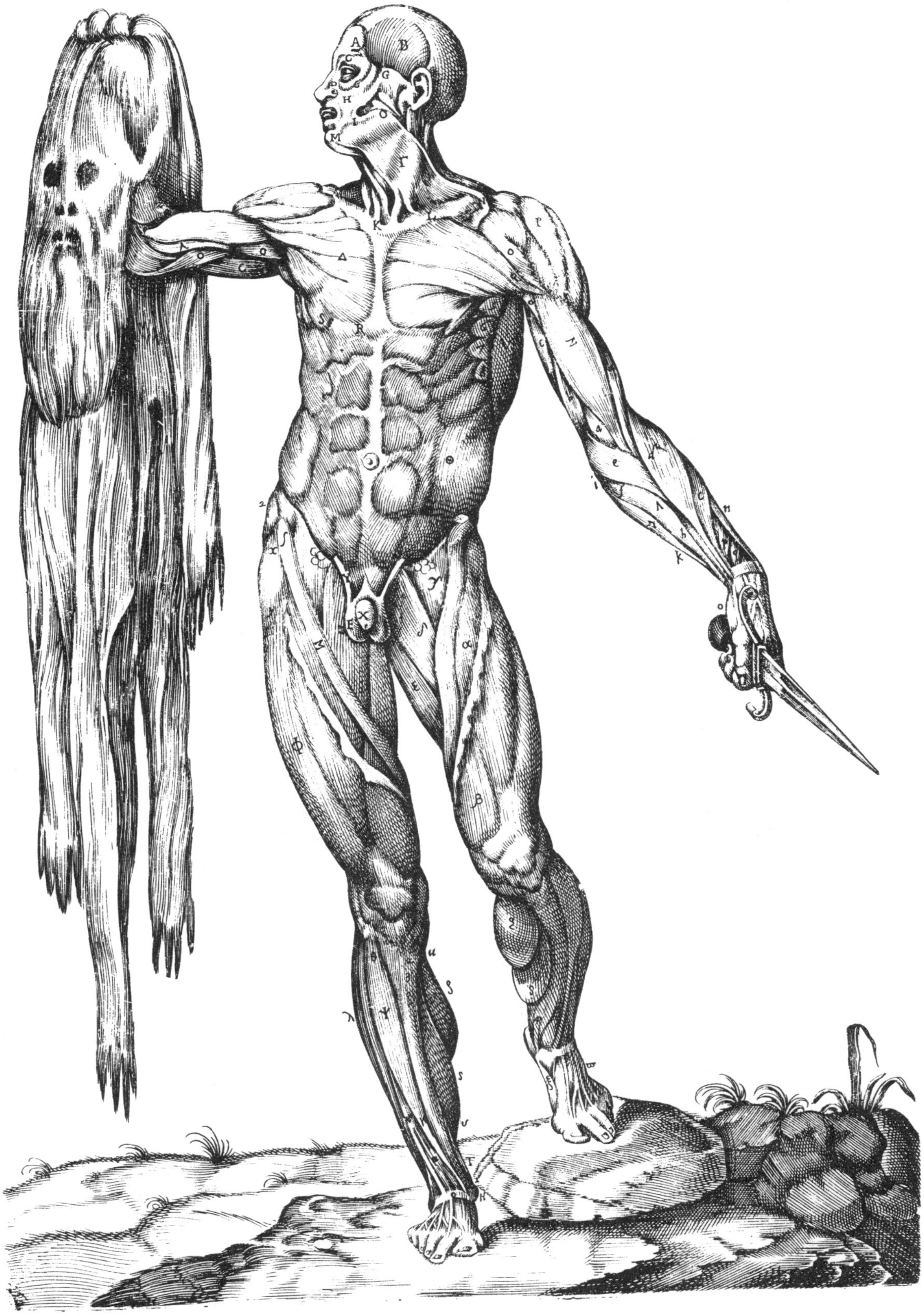

Lámina XI

[Derecha] Hans Burgkmair: Luis Lobera de Ávila estudiando en su cuarto de trabajo.

Luis Lobera de Ávila, *Vanquete de nobles caballeros e modo de vivir desde que se levantan hasta que se acuestan...,* Augsburg, per Heinricum Stainerum, 1530.
120 × 106.

[Izquierda] Juan Tomás Porcell practicando la autopsia a una enferma fallecida de peste.

Juan Tomás Porcell, *Información y curación de la peste de Çaragoça...,* Çaragoça, viuda de Bartholome de Nagera, 1565.
120 × 145.

A pesar de haber excluido los retratos de científicos de la presente antología, hemos seleccionado este par de grabados porque documentan dos aspectos centrales de la actividad de los médicos españoles del siglo xvi.

Luis Lobera de Ávila fue médico de Carlos I y viajó largamente a su servicio, lo cual no le impidió publicar numerosos libros sobre diferentes temas de su profesión. El primero de ellos fue el *Vanquete,* tratado de higiene individual y dietética con un "regimiento" sobre la peste, que alcanzó tres ediciones en alemán. Sus numerosos y bellos grabados han sido reproducidos a menudo, pero sin noticia alguna acerca de su origen. Baste aquí decir que hay que encuadrarlos en la trayectoria tipográfica de Augsburgo, donde fue publicada la primera edición en castellano, consistente en unir el texto con ilustraciones debidas a grabadores de primer rango. De hecho, dicha edición contiene, entre otras, xilografías del llamado "Petrarca-Meister", cuya identificación con Hans Weiditz ha quedado hace tiempo desmentida. Sin embargo, la mejor es la aquí reproducida, que ha circulado habitualmente sin atribución de autor, a pesar de que aparecen muy claramente las iniciales con las que solía firmar sus obras el gran grabador augsburgués Hans Burgkmair, quien colaboró en otros libros del impresor Heinrich Steiner, y de su catalogación en los repertorios de xilografías alemanas de la época.

Juan Tomás Porcell es uno de los grandes adelantados de la anatomía patológica moderna, principalmente por haber realizado, por primera vez en la historia, autopsias sistemáticas de apestados, con motivo de la epidemia que sufrió Zaragoza en 1564. Lo hizo en el Hospital de Nuestra Señora de Gracia, de la capital aragonesa, que contaba con una notable tradición en la práctica de autopsias desde finales del siglo xv, pero con unos criterios acordes con el movimiento renovador vesaliano. También este grabado anónimo que figura en su libro sobre el tema puede considerarse una de las cumbres, renovada en técnica y estilo, de otra tradición zaragozana paralela: la ilustración xilográfica de textos científicos, brillantemente iniciada, como hemos visto (lámina I) en los incunables locales.

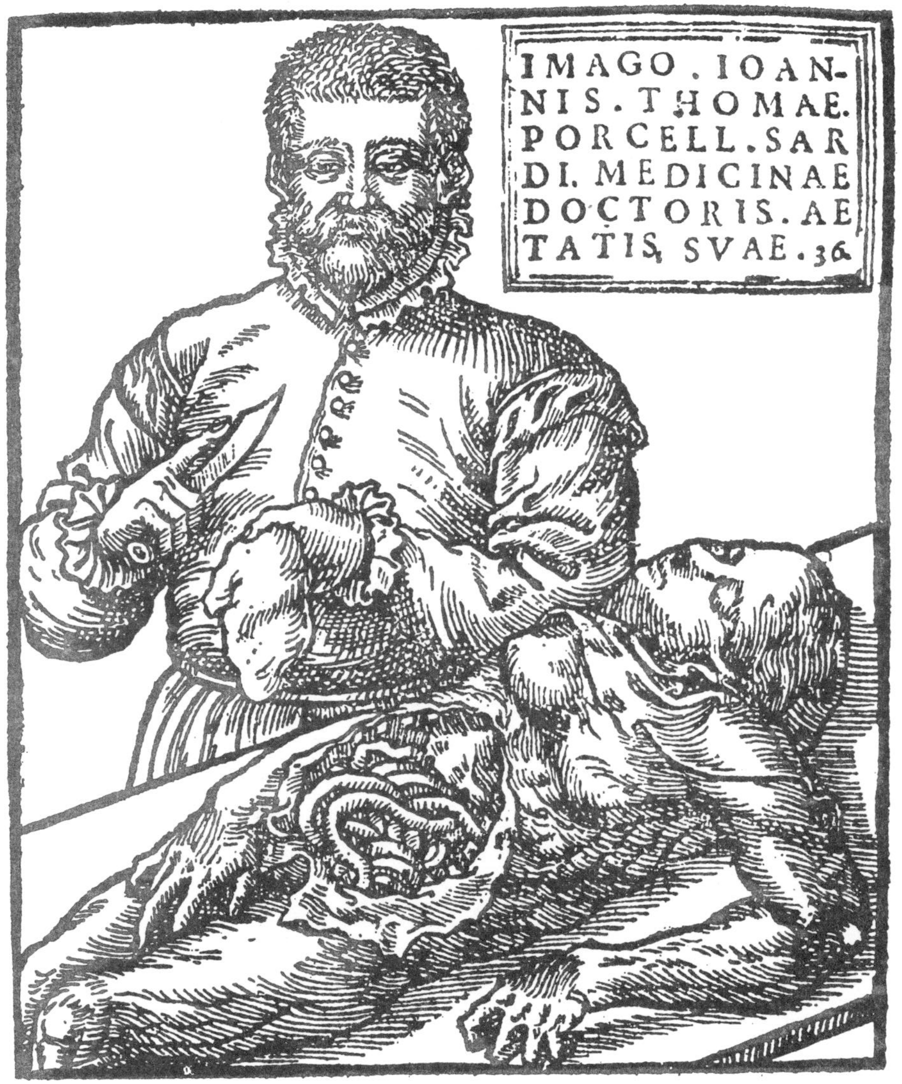
IMAGO . IOANNIS . THOMAE. PORCELL . SARDI. MEDICINAE DOCTORIS . AETATIS, SVAE . 36.

LÁMINA XII

[Arriba] Instrumentos odontológicos.

FRANCISCO MARTÍNEZ DE CASTRILLO, *Coloquio breve y compendioso. Sobre la materia de la dentadura, y maravillosa obra de la boca...*, Valladolid, Sebastián Martínez, 1557.
90 × 115; 90 × 115.

[Abajo] Instrumentos urológicos.

FRANCISCO DÍAZ, *Tratado nuevamente impreso de todas las enfermedades de los Riñones, Vejiga, y Carnosidades de la Verga, y Urina...*, Madrid, Francisco Sánchez, 1588.
135 × 183; 135 × 183.

Durante el siglo XVI se publicaron en Europa estudios monográficos sobre áreas médicas que dos siglos más tarde alcanzarían autonomía como especialidades. Entre ellos figuran los tratados de los castellanos Francisco Martínez de Castrillo y Francisco Díaz, universalmente considerados como puntos de partida de la odontología y la urología, respectivamente. De ambos se reproducen dos páginas con grabados relativos a instrumentos. En los de Martínez de Castrillo aparecen el "gatillo para sacar muelas que no están corrompidas", el "policán" destinado asimismo a sacarlas si "se tiene alguna sospecha que se han de quebrar" y "herramientas" para quitar "pedazos de muela o raigones". En las de Díaz, el "instrumento cisorio para cortar las carnosidades de la verga" –con el que inició la técnica de la uretrotomía interna para el tratamiento de las estrecheces uretrales– y la "cisoria tenaza" destinada a asir y deshacer los cálculos vesicales.

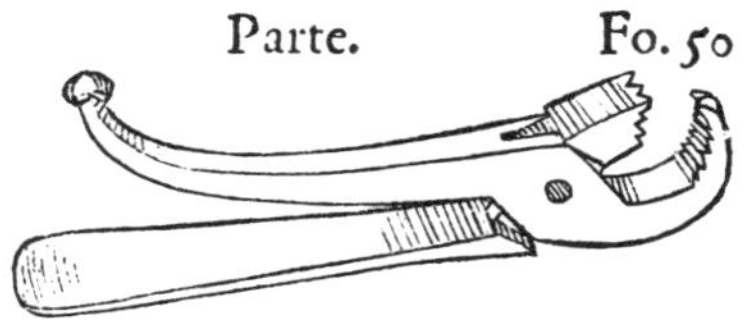

Pero ſi de la muela ſe tiene alguna ſoſpecha q̃ ſe ha de quebrar, haſe de ſacar con polican: porque ſi le ſabe bien exercitar aſeguran la muela, aunque eſte mas podrida que no ſe deſcabeçe. Quando ay algun peda-

cito de muela o raygon que ſe ande haſe de quitar cõ vna deſtas dos herramientas, que tẽgan por la parte que aſen vnas raytas menudas y hõdillas como eſtas.

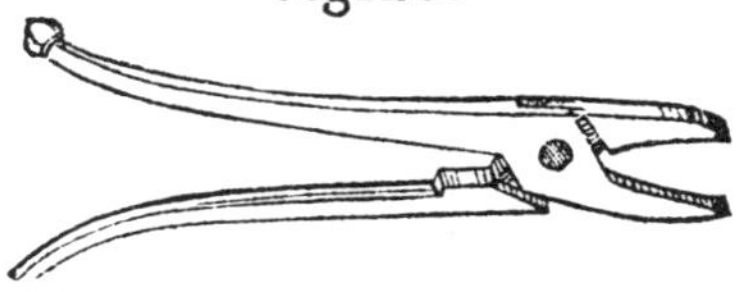

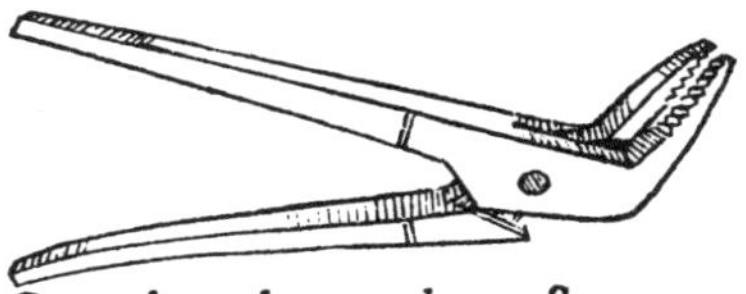

Quando en las muelas poſtreras aconteſciere tener algunas puntillas q̃ den peſadumbre o gaſtẽ ſus o pueſtas, han ſe de cortar cõ vn hierro como eſte muy afilado, y cõ el mar

tillico. Quales deſtos auiſos ſeã para la vna edad y tiempo de los dientes, y quales para otro, y quales para otro, ellos miſmos ſe lo dizẽ y no ay en eſto que gaſtar mas tiempo ſi

Ciſoria tenaza.

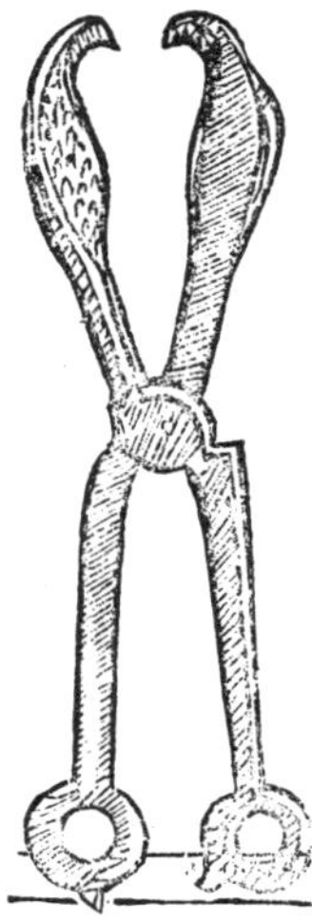

ESTA tenaza, ſe tiene de entrar cerrada, y dẽtro de la capacidad de la vexiga abrilla, y trauar de la piedra y aſilla, y poco apoco yrla cortando y deshaziendola, aunque eſto tẽgo por mucho peligro, pero en caſo q̃ la piedra ſe deſpedaçe, ſe ha de procurar no quede pedaço alguno dẽtro de la vexiga ſin ſacarſe, por q̃ ſeria incõuiniẽte grãde, y eſtar la paſsion tã aparejada para aumẽtarſe como antes. Eſta es dotrina de Cornelio Celſo, y anſi miſmo es de Galeno, y de Auicena, y la razon en que todos eſtos autores graues

Quãdo la piedra ſe quebrare no à deque dar pedaço dentro.

Lib. 5. capit. 26.
Lib de lapide veſicæ.
Li. & capit. citato

¶ Inſtrumento Ciſorio de nueſtra inuencion.

¶ Haſe de vſar deſta manera. Mete reſte inſtrumẽto haſta donde eſtuuiere la carnoſidad ó callo, y luego apretar como he dicho, y cortar con mucho eſpacio, con el mayor tino q̃ ſer pudiere, y deſta manera proſeguir haſta acabar de romper la calloſidad, bien ſe que eſte inſtrumento es de alguna manera peligroſo: pero mayor peligro es quedarſe en ſu ſer la dureza por que della ſe ſiguen los daños que muchas vezes tenemos declarado, y aſsi de dos daños emos de ſocorrer al mayor. Eſto es de Gal. y de Auicena, y de muchos autores, y deſte inſtrumẽto tenemos de vſar, como de remedio eſtremo q̃ no ay otro. A d̃ tener eſte inſtrumẽto el miſmo largo q̃ el Algalia, por ſi acaſo la colloſidad eſtuuiere al cabo del cuello

Demueſtrã inuencion.

Lib 9. methodi & liber de locis affectis

Lámina XIII

[Izquierda, arriba] Triángulo aritmético.

Sebastián Izquierdo, *Pharus scientiarum...*, Lugduni, Claudis Bourget et Michael Lietard, 1659.
155 × 170.

[Izquierda, abajo] Tabla comparativa de los logaritmos de Ulacq, Neper y los "perfectos" de Caramuel.

Juan Caramuel, *Mathesis biceps, vetus, et nova...*, Lugduni, apud Laurentium Anisson, 1670.
112 × 70.

[Derecha, arriba] Esquemas relativos a observaciones y cálculos astronómicos.

José Zaragoza, *Esphera en comun celeste y terraquea,* Madrid, Juan Martín del Barrio, 1675.
118 × 165.

[Derecha, abajo] Manera de construir un triángulo, dadas su base, su altura y la suma de los lados.

Hugo de Omerique, *Analysis Geometrica...*, Gadibus, typis Christophori de Requena, 1698.
264 × 386.

El interés de los esquemas y tablas reproducidos en esta lámina reside en que corresponden a contribuciones científicas de relieve, aparte de que sirven para ejemplificar un tipo de ilustración habitual durante el siglo XVII en los libros relacionados con las matemáticas.

El albaceteño Sebastián Izquierdo (1601-1681) ofreció en su *Pharus scientiarum* (1659) un tratado de combinatoria que incluye algunas aportaciones originales, entre las que figura la aplicación del cálculo aritmético al cálculo de las combinaciones. Este aspecto de su obra alcanzó difusión europea, siendo citado por Leibniz y otros autores de diferentes países.

En la amplísima producción del madrileño Juan Caramuel (1606-1682) destaca la parte dedicada a las matemáticas, por sus estudios sobre los sistemas de numeración, la combinatoria, los problemas originados inicialmente por el cálculo de probabilidades y los logaritmos. En este último campo, además de ser el primer español que publicó las primeras tablas de logaritmos, ideó un sistema que denominó de "logaritmos perfectos", que se encuentra entre los antecesores del cálculo de cologaritmos.

El valenciano José Zaragoza (1627-1679) realizó notables observaciones astronómicas, en especial sobre cometas. Su informe acerca del cometa de 1677, que fue el primero en observar, fueron publicadas en el *Journal des sçavans* y en las memorias de la Academia de Ciencias, de París; también sus noticias acerca del cometa de 1664 fueron traducidas al francés y reproducidas, un siglo después de su muerte, en la célebre *Cométographie* (1783), de Pingré. Por otro lado, publicó un importante tratado astronómico (1675), al que pertenece la lámina que reproducimos, con esquemas acerca de observaciones y cálculos, uno de los cuales (figura 26) se refiere a la primera ley de Kepler.

El texto matemático de mayor altura publicado en la España del siglo XVII fue la *Analysis Geometrica* (1698), del gaditano Hugo de Omerique. Significó una aportación central para la revalorización del análisis clásico que tuvo varios seguidores alemanes y británicos y mereció los elogios del propio Newton.

T A B V L A II.

Determinans omnes binarios, ternarios, quaternarios, &c. ex quouis numero terminorum dato possibiles, penes differentiam solius substantiæ.

	D	E	F							
A	1	2	3	4	5	6	7	8	9	10
B	1	1	1	1	1	1	1	1	1	1
C	2	3	4	5	6	7	8	9	10	11
	3	6	10	15	21	28	36	45	55	66
	4	10	20	35	56	84	120	165	220	286
	5	15	35	70	126	210	330	495	715	1001
	6	21	56	126	252	462	792	1287	2002	3003
	7	28	84	210	462	924	1716	3003	5005	8008
	8	36	120	330	792	1716	3432	6435	11440	16448
	9	45	165	495	1287	3003	6435	12870	24310	33758
	10	55	220	715	2002	5005	11440	24310	48620	82378

Numeri naturales.	*Logarithmi Vlacquii.*	*Logarith. Neperi, & Kepleri.*	*Logar. Caramuelis.*
1	0.	2302,585.20.	10.
10	1.	2072,326.68.	9.
100	2.	1842,068.16.	8.
1,000	3.	1611,809.64.	7.
10,000	4.	1381,551.12.	6.
100,000	5.	1151,292.60.	5.
1;000,000	6.	921,034.08.	4.
10;000,000	7.	690,775.56.	3.
100;000,000	8.	460,517.04.	2.
1,000;000,000	9.	230,258.52.	1.
10,000;000,000	10.	000,000.00.	0.

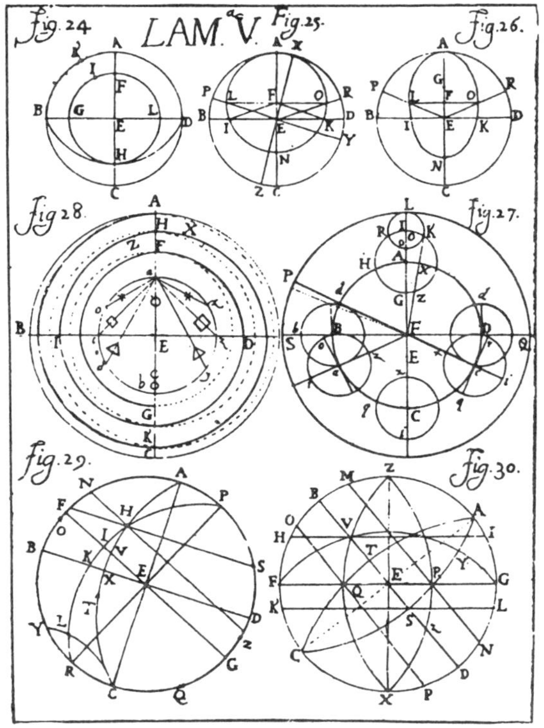

Dato vtrovis laterum circa rectum.

Hoc problema facilius expeditur per proportionales. Sit *ab* latus siue maius, siue minus, & *k* semidifferentia segmentorum baseos.

Esto triangulum, de quo quæritur *abz*, & diuisa base *az* bifariam in *y*, cadat perpendicularis *bx*. Erit igitur *xy* semidifferentia segmentorum *ax. xz.*

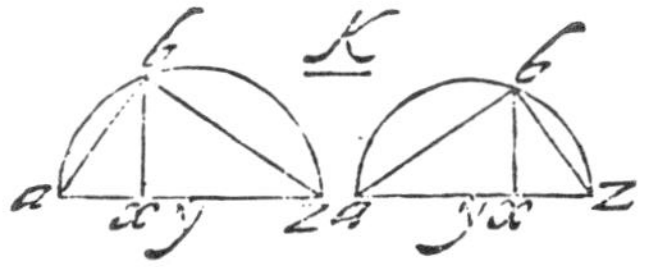

ANALYSIS.

prop. 7. Intred. Per 8.6.el.S.P.	*az.*	*ab.*	*ab.*	*ax.*
Idest	*2ay.*			
Et dimid. primos	*ay.*	$\frac{1}{2}$*ab.*	*ab.*	*ax.*

Ergo solutum, cum inter *ay*, & *ax* differentia sit data, nempe recta *k*.

CONST. ET DEMONST.

Ipsis *ab*, & $\frac{1}{2}$*ab* reciprocæ inueniantur *ay. ax*, quarum differentia sit data *k*. Super *az* dupla rectæ *ay* semicirculus describatur, & aptetur *ab*, iungaturque *bx*. Dico triangulum *abz* esse, de quo quæritur.

Cum enim ex constr. sit *ay* ad $\frac{1}{2}$*ab*, idest duplicando, *az* ad *ab*, vt *ab* ad *ax*: erit (per conversam prop. 8.6.elem.) *bx* per

perpendicularis, quare segmenta baseos erunt *ax. xz*, quorum semidifferentia *xy* ex constructione æqualis est datæ *k*. Triangulum igitur, &c. Quod erat faciendum.

PROPOSITIO XXV.

Data base, altitudine, & aggregato laterum: triangulum exhibere.

Vide Vietam appendicul. 1. R. P. Greg. t. 1. prop. 82.

Esto triangulum, de quo quæritur *axb* super data base *ab*, latera autem *ax. xb.* datam *ac* componant, & perpendiculum *xy* æquale sit datæ *g*.

Bisecentur *ac*, & *ab* in *m*, & *p*.

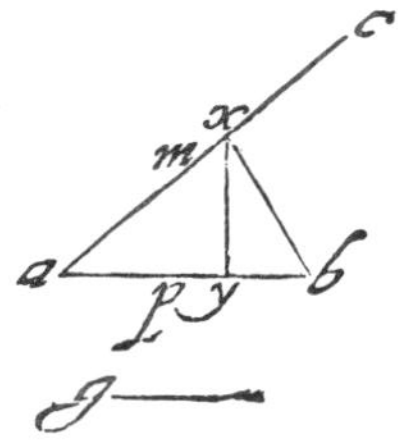

ANALYSIS.

Sit igitur	*xy* —∧— *g.*
Et sint	*axa* + *xcx* —∧— *axa* + *xbx.*
per 9.2.el.& 13.Int.	*2ama* + *2mxm* ∧ *2apa* + *2gg* + *2pyp.*
Et dimid.	*ama* + *mxm* —∧— *apa* + *gg* + *pyp.*
Vel si fiat	*k:k* + *pyp.*
Et auf. *k:k.*	*ama* — *k:k* + *mxm* —∧— *pyp.*
Vel si fiat	*ll* + *mxm.*
Sed per 14. Int. S.P.	*aca. aba. pyp. mxm.*
Ergo subst. E.P.	*aca. aba. ll* + *mxm. mxm.*
Et divid.	*aca* — *aba. aba. ll. mxm.*
Ergo solutum.	

CONS-

Lámina XIV

[Izquierda] "Figura para subir por los puntos que se debe meter la escuadra para trabucar máquinas artificiales".

Diego Ufano, *Tratado de la Artilleria y uso della,* Bruselas, Juan Momarte, 1613.
192 × 220.

[Derecha] "Los antojos convexos congregan los rayos visuales y los cóncavos los apartan. De los grados que se dan a los antojos".

Benito Daza Valdés, *Uso de los antojos para todo género de vistas,* Sevilla, Diego Pérez, 1623.
107 × 43; 110 × 80; 135 × 83.

La hegemonía militar española durante los reinados de los Reyes Católicos y Carlos I estuvo en parte basada en el esfuerzo técnico dirigido por brillantes ingenieros, que aportaron numerosas innovaciones, sobre todo en relación con las armas de fuego. Los principales tratados sobre el tema aparecieron más tarde, a finales del siglo XVI y principios del XVII, cuando ya se había perdido dicha hegemonía. Uno de los más influyentes fue el del toledano Diego Ufano (1613), que alcanzó varias ediciones en francés, alemán e inglés y sirvió de modelo a obras de diversos países. Aparte de aportaciones técnicas, expone otras de interés teórico, en especial relacionadas con la balística. Una de ellas es la enunciación de la igualdad de las distancias alcanzadas por los proyectiles con ángulos de tiro complementario, a la que corresponde el grabado que reproducimos.

El libro *Uso de los antojos* (1628), del sevillano Benito Daza Valdés fue la primera obra impresa en Europa consagrada al estudio de las lentes destinadas a corregir los defectos de la visión. Contiene importantes contribuciones originales de su autor, lo que explica su celebridad como texto clásico inicial de la óptica fisiológica. También ofrece algunas aportaciones notables a la óptica geométrica, aparte de dar noticia de la construcción de anteojos astronómicos en la Sevilla de la época, de citar ampliamente las observaciones de Galileo y de describir la cámara oscura de Giambattista della Porta. Incluye doce grabados, todos ellos esquemas xilografiados muy sencillos.

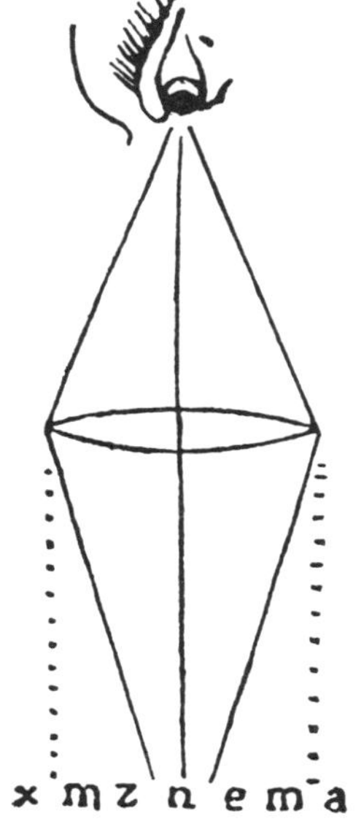
x m z n e m a

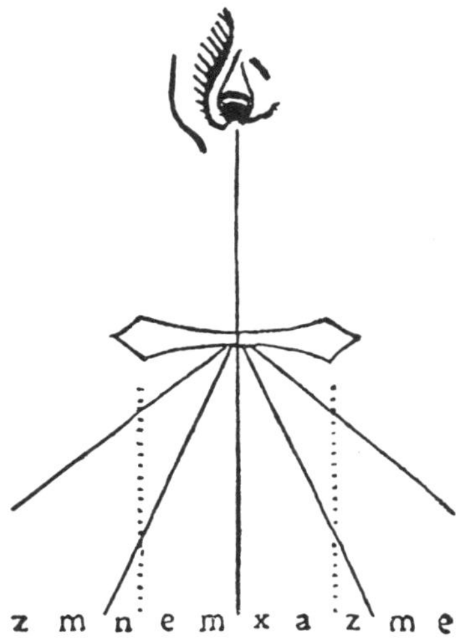
z m n e m x a z m e

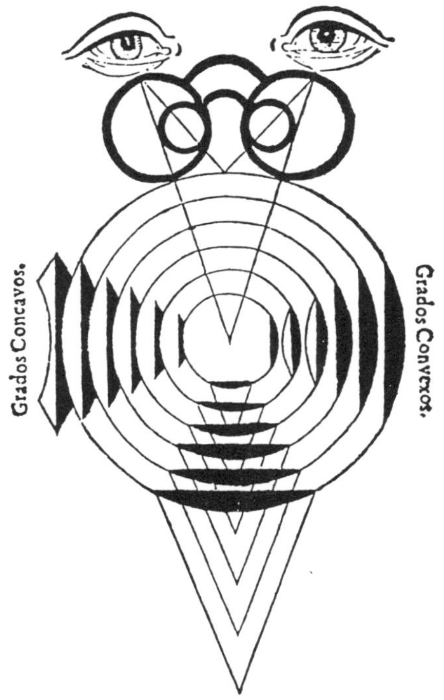
Grados Concavos.
Grados Convexos.

FIGVRA PARA SABER POR LOS PVNCTOS QVE
SEDEBE MET TER LAS QVADRA PARA TRABVCAR
MAQVINAS ARTIFICIALIS 342.
puncto del anima

Lámina XV

[Arriba] Hipólito Ricarte: Esquemas de estática.

[Abajo] Hipólito Ricarte: Figuras de hidrotecnia.

Tomás Vicente Tosca, *Compendio Mathematico, en que se contienen todas las materias más principales de las ciencias que tratan de la cantidad,* Tercera impression, 9 vols., Valencia, José García, 1757.
145 × 155; 145 × 165.

La difusión en España de las nuevas ciencias físico-matemáticas durante las primeras décadas del siglo xviii tuvo su mejor instrumento en el *Compendio Mathematico,* del *novator* valenciano Tomás Vicente Tosca (1651-1723). Sus nueve volúmenes se publicaron por vez primera desde 1707 a 1715, aunque su autor había redactado la obra en los años ochenta de la centuria anterior. Su contenido corresponde al estado de los conocimientos vigente en dicho momento, inmediatamente anterior a la obra de Newton. La parte más importante es la dedicada a la física, que constituye la primera exposición sistemática española de la nueva disciplina como ciencia atenida a los datos de la experiencia y formulada en lenguaje matemático.

Las ilustraciones de la primera edición del libro de Tosca fueron obra de Juan Bautista Ravanals. Sin embargo, a partir de la tercera, el *Compendio* se publicó con láminas grabadas por Hipólito Ricarte, otro artista valenciano, bien conocido por su producción, primero en Valencia y luego en Madrid, tras su estancia en París como pensionado.

Los esquemas de estática de la primera lámina que reproducimos corresponden a los siguientes temas:

1-4: "Propiedades generales de los cuerpos graves".
5-6: Experiencias de Torricelli sobre "la gravedad y peso del aire".
7: "Por un lugar del todo vacío, el cuerpo grande y el pequeño, de cualquier materia pesada que fuesen, baxarían a la tierra en igual tiempo".
8-13: "Descenso perpendicular y libre de los cuerpos graves".
14-16: "Descenso de los cuerpos graves por planos inclinados".

Las figuras de hidrotecnia de la segunda lámina representan:

17-19: "Relojes hidráulicos".
20: "Producir viento con el movimiento y descenso del agua".
21: "Elevación del agua de una fuente a mayor altura que su origen solamente en virtud de su gravedad".
22-24: Norias.
25: "Rueda bremense".
26: "Rueda con rosca".
27: "Rosca de Arquímedes".
28-31: Bombas hidráulicas.
32: "Máquina para extinguir incendios".
33: Barómetro.
34: Termómetro.
35: Higrómetro.

Estampa 1. Tom. 4. *fol. 90.*

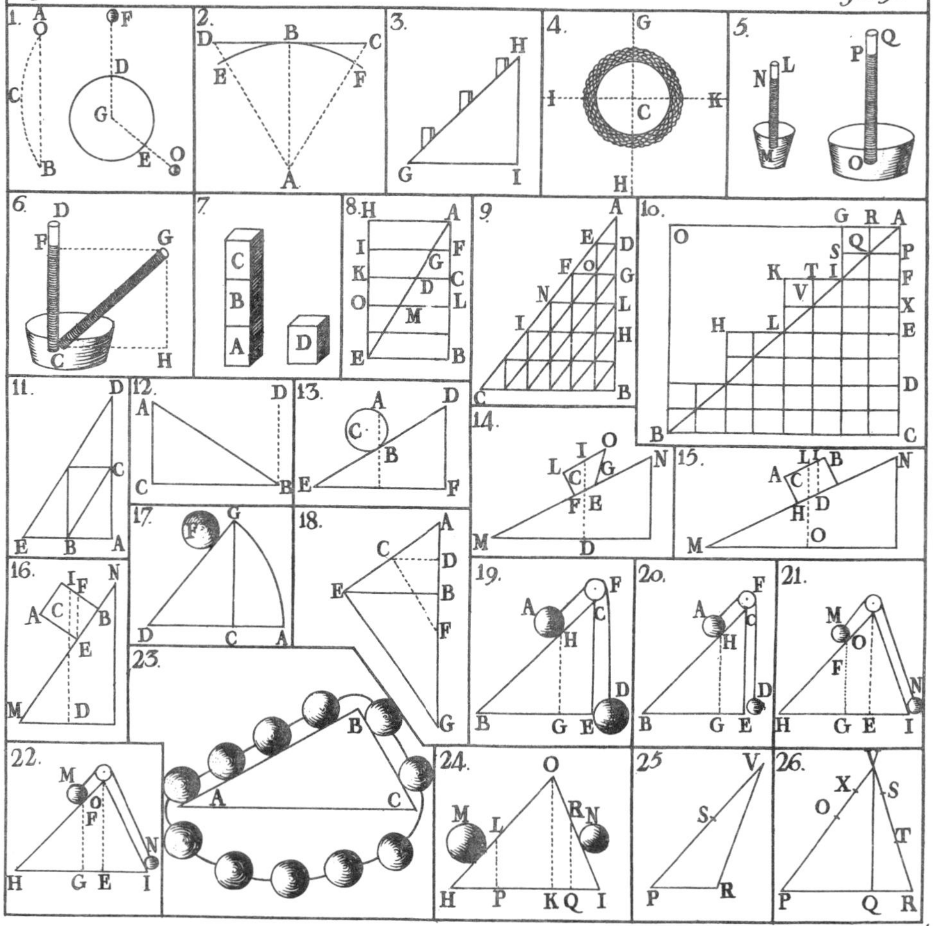

H. Ricarte sculp.t

Estampa 9. Tom. 4. *fol. 310.*

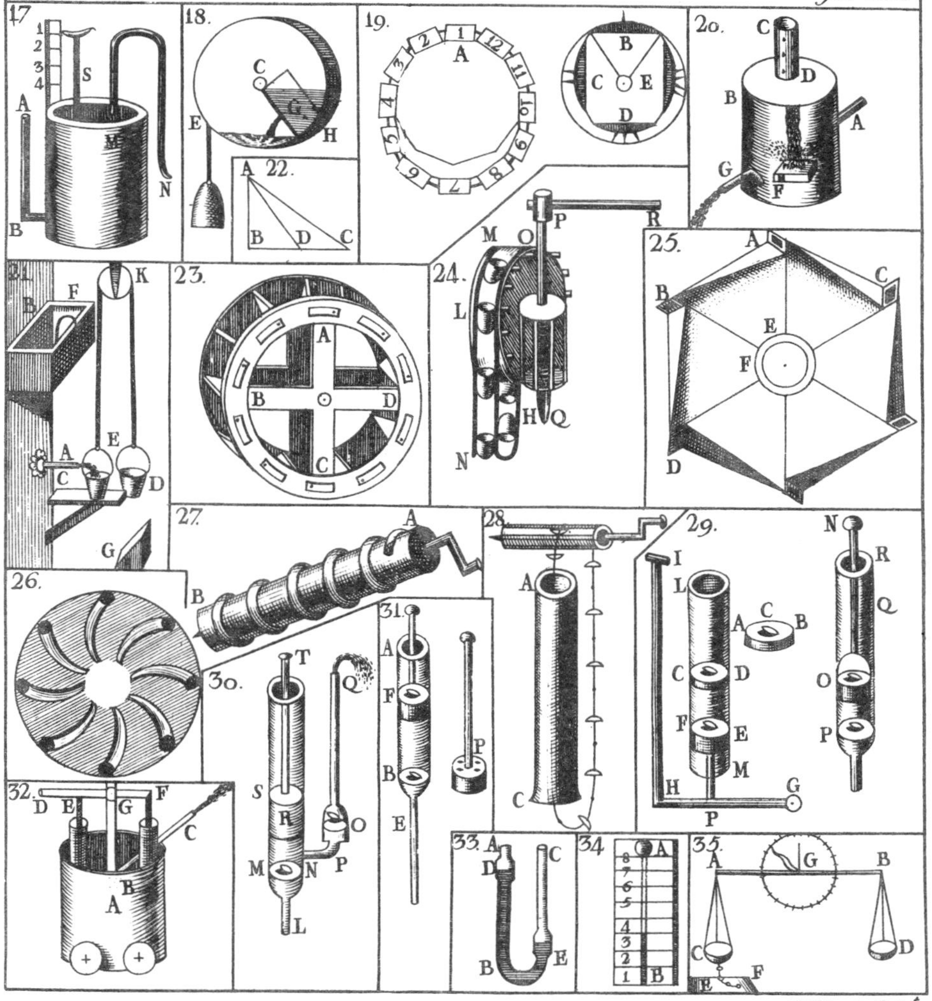

H. Ricarte sculp.t

Lámina XVI

[Izquierda, arriba] Horno e instrumentos para desazogar las "piñas de pella seca".
[Izquierda, abajo] Instrumento para el "beneficio de cazo y cocimiento".
[Derecha, arriba] "Hornos en que se funde con carbón".
[Derecha, abajo] "Instrumentos que ha de tener el fundidor".

Álvaro Alonso Barba, *Arte de los metales...*, Madrid, Imprenta del Reino, 1640.
126 × 140; 135 × 95; 131 × 125; 131 × 93.

El principal motor del desarrollo técnico del beneficio de minerales en la España del siglo xvi fue la explotación de los yacimientos americanos de metales preciosos. Agotados los minerales de elevada ley, el beneficio de los de mediana y baja solamente podía ser rentable con la aplicación de métodos apropiados. La respuesta a este reto fue el esfuerzo técnico desarrollado por la minerometalurgia española en América. Su punto de partida fue la primera aplicación industrial del método de amalgamación de minas de plata mexicanas por el "beneficio del patio", que hizo Bartolomé de Medina en Pachuca (1555), y supuso una amplia serie de innovaciones y mejoras técnicas, principalmente relacionadas con los métodos de amalgamación y los hornos para destilación de minerales. La exposición sistemática y al mismo tiempo la coronación de todo este esfuerzo fue el *Arte de los metales,* del andaluz Álvaro Alonso Barba (*ca.* 1569-1662), uno de los grandes títulos de la historia de la minerometalurgia. Publicado por primera vez en 1640 y reimpreso en 1680, fue reeditado tres veces en la España del siglo xviii y alcanzó cuatro ediciones en inglés, ocho en alemán y cuatro en francés.

Las ilustraciones del tratado de Barba son grabados en madera muy toscos y esquemáticos. Reproducimos, en primer término, la correspondiente al horno e instrumentos para desazogar las "piñas de pella", o amalgama de plata que se obtiene al beneficiar con azogue minerales argentíferos: "A) Fondo de hierro. B) Cabeza de alambique. C) Su nariz. D) Trévedes. E) Librillo, o vaso con agua en que se recoge el azogue. F) Horno. G) Puerta del fuego. H) Puerta para sacar la ceniza. I) Abertura de la banda de arriba, por donde sale el fondo y se junta con el alambique. K) Chimenea por donde sale el humo y respira el fuego".

El "beneficio del cazo y cocimiento" ideado por el propio Barba, utilizaba un instrumento cuyas piezas se representan en el segundo grabado seleccionado: "A.B.C) Fondo, caldera y asas de una pieza. D.E) Molinete y una de sus cuatro aspas, con dientes desiguales. F) Paño de que se hacen las calderas. G) Vara de cobre, con el dado sobre el que anda el molinete. M) Seguiñuela. N.O) Anillo de hierro y su cabo de palo".

Algunos de los "hornos en que se funde con carbón", que aparecen en el tercer grabado, habían sido introducidos por los españoles en América, mientras que otros eran de origen indio: "A) Horno castellano cuadrado. B) Horno castellano redondo. C) Guayra de los indios. D) Tocochimbo. E) Su puerta grande por donde entra la mufla. F) Mufla. G) Puerta de barro con la que se tapa la del tocochimbo. H) Puerta pequeña. I) Tapón con que se cierra el tocochimbo por arriba, por donde se echa el carbón".

Por último, los "instrumentos que ha de tener el fundidor" son los siguientes: "A) Romana. B) Peso grande. C) Peso pequeño. D) Cuchara. E) Tenazas. F) Hierro largo. G) Hachuela. H) Puntas. I) Martillo. K) Crisol. L) Muelles. M) Garabato. N) Taxadera".

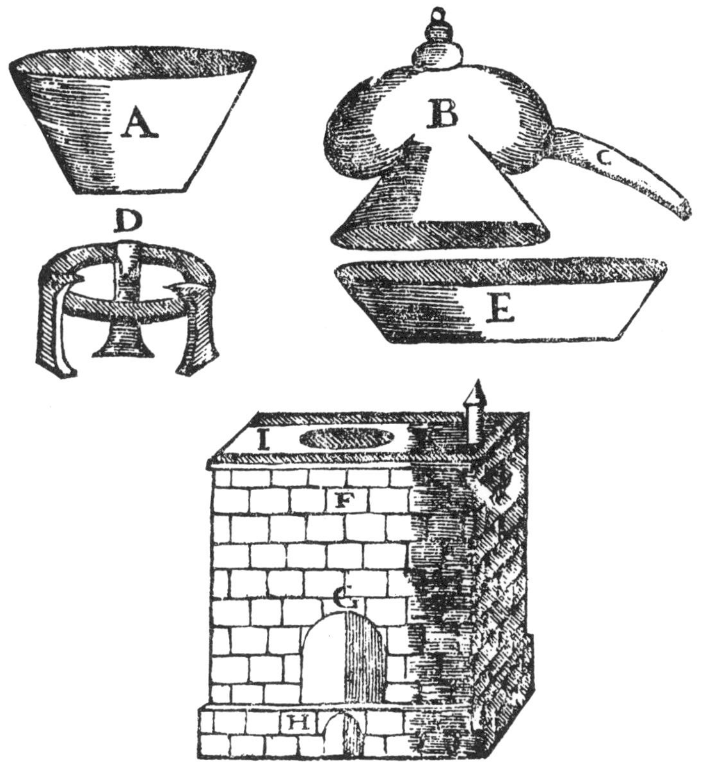
A
B
C
D
E
I
F
G
H

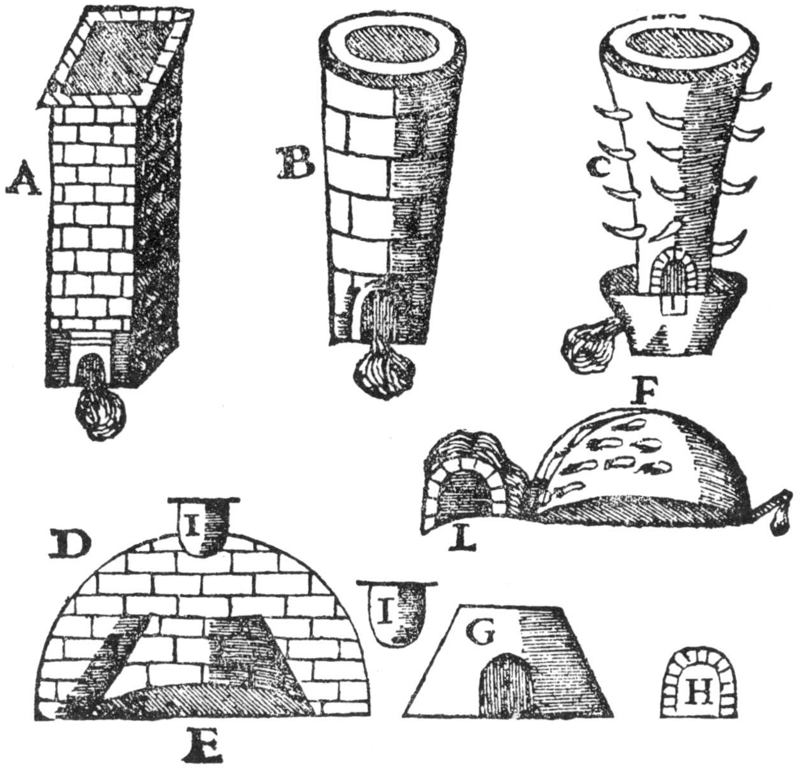
A
B
C
F
D
I
L
I
G
H
E

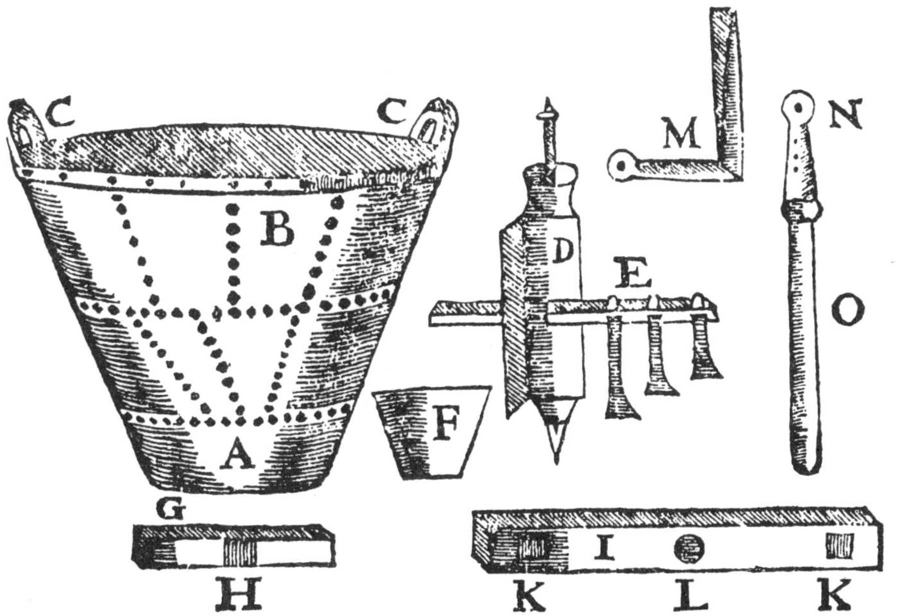
C
C
B
A
G
H
D
E
F
M
N
O
I
K
L
K

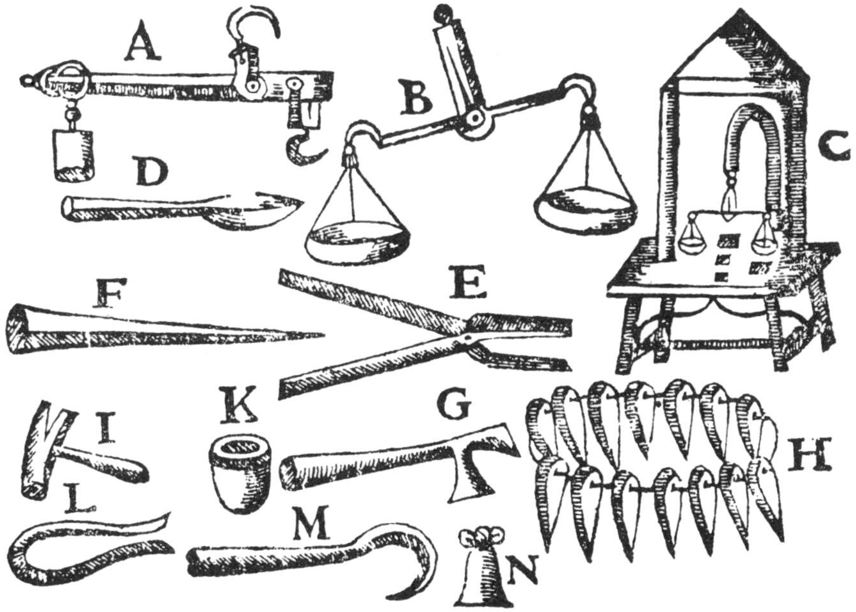
A
B
C
D
F
E
I
K
G
H
L
M
N

Lámina XVII

Pedro Calabria: Hornos e instrumentos químicos.

Félix Palacios, *Palestra pharmacéutica chymico-galénica,* Madrid, Juan García, 1706.
170 × 230.

El toledano Félix Palacios Bayá (1677-1737) fue la principal figura farmacéutica del movimiento *novator* que, a finales del siglo xvii y comienzos del xviii, protagonizó en España la ruptura abierta con los saberes tradicionales y la asimilación sistemática de la ciencia moderna. Su *Palestra* (1706) alcanzó nueve ediciones y contribuyó decisivamente a difundir la aplicación de la química a la preparación de medicamentos. Además de un retrato del autor y de una tabla de símbolos o "caracteres chímicos", lleva cuatro láminas grabadas al buril por Pedro Calabria, que representan instrumentos químicos. De escasa originalidad, fueron incluidas también en la traducción castellana del *Curso químico,* de Nicolás Lemery, que Palacios publicó en 1721. Reproducimos la cuarta, cuyo contenido es el siguiente:

A: "Molde de hierro para hacer los hornos".
B: "Horno cuadrado hecho sobre el molde".
C: "Horno redondo".
D: "Horno de reverbero, con su retorta y recipiente".
E: "Horno con su perol, cucurbita, cabeza y recipiente, para destilar en el baño de vapor".
F: "Horno con su cucurbita, cabeza de moro, recipiente y refrigerante, para destilar los aceites esenciales".
G: "Tapa para el horno de reverbero".
H: "Horno de reverbero con cuatro retortas y sus recipientes".
I: "Chimenea para el horno de reverbero".
J: "Horno con su cucurbita, cabeza y recipiente, puesta en el baño de maría".
K: "Cucurbita pequeña de vidrio".
L: "Tenazas".

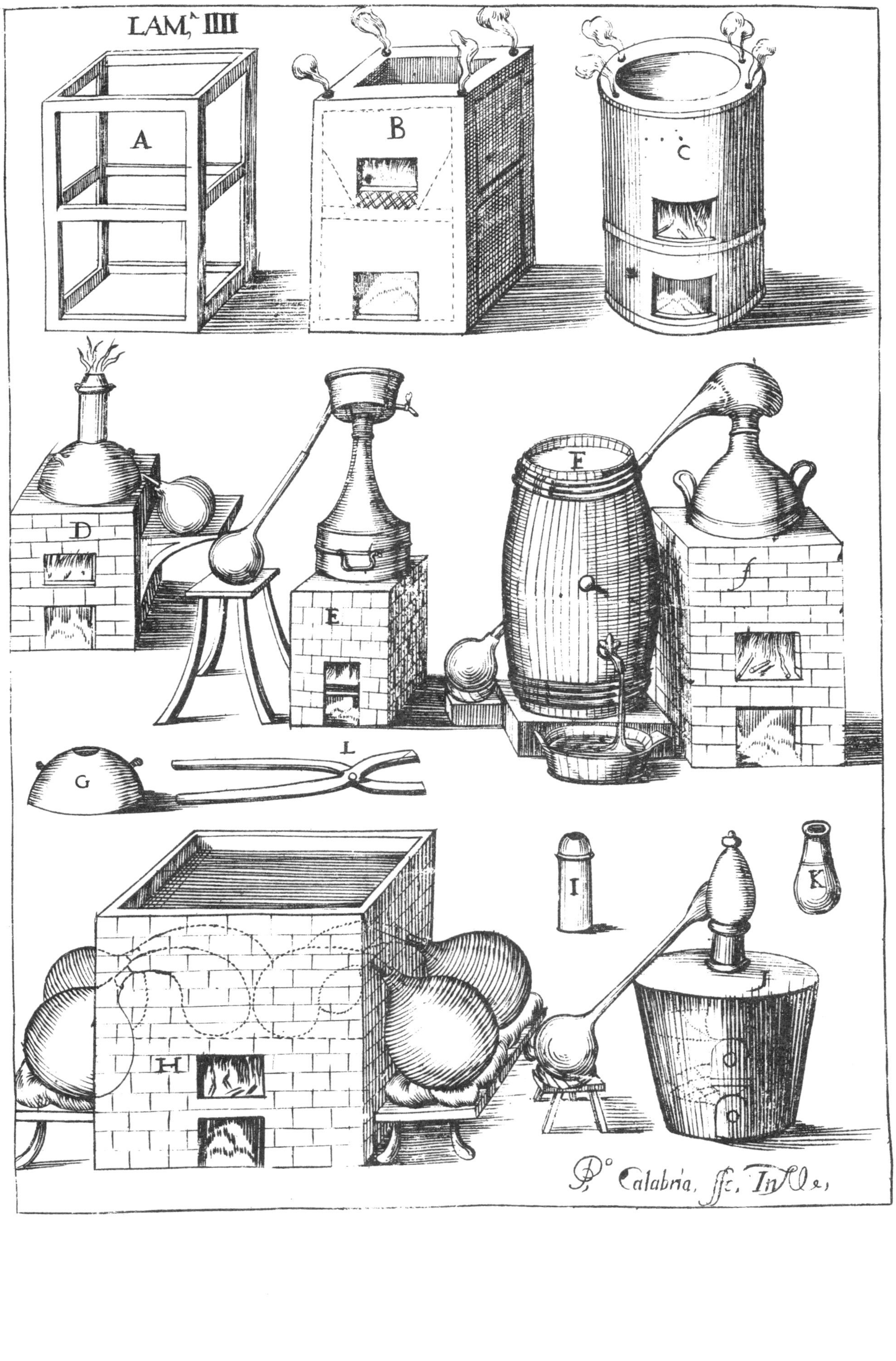
LAM.ª IIII
A
B
C
D
E
F
f
G
L
H
I
K
P.º Calabria. ffc. In. Ve.

Lámina XVIII

Crisóstomo Martínez: Observaciones microscópicas sobre la vascularización ósea.

Crisóstomo Martínez, *Atlas anatómico, ca.* 1680-1689. Ed. por J. M. López Piñero, Valencia, Ayuntamiento, 1964 (2.ª ed. ampliada, *ibid.,* 1982).
207 × 300.

El *Atlas anatómico,* del valenciano Crisóstomo Martínez (1638-1694) no es solamente la principal aportación española al grabado de tema morfológico, sino también una de las contribuciones científicas más importantes del movimiento *novator* que, como ya hemos dicho, introdujo las corrientes modernas en España, a partir de los años finales del siglo XVII. Lo inició en 1680 y no llegó a terminarlo, aunque sus dos láminas de mayor tamaño se difundieron en Europa a través de ediciones en Francia y Alemania.

La parte más nueva y destacada de la obra fue la relativa a la indagación micrográfica. El grabador y anatomista valenciano perteneció a la primera generación de microscopistas europeos, no limitándose a un interés ocasional por el nuevo medio de observación sino llegando a ser un investigador con hábito de trabajo y dominio de la técnica.

La vascularización ósea fue el tema al que mayor esfuerzo dedicó. La lámina XI de su *Atlas* –que reproducimos– y su texto explicativo están dedicados a la fina irrigación arterial y venosa de los huesos y sus relaciones con la inervación. No está terminada: "Hube de echarle presto el aguafuerte –afirma Martínez– para no acabarla de malograr, quedando a medio grabar". Recoge diversas observaciones microscópicas en "un pedacito de hueso, cuyo original se representa en ese óvalo" (del ángulo superior derecho) e ilustra una teoría de su autor, basada en la existencia de unas vesículas microscópicas situadas en la extremidad de las más finas ramificaciones vesiculares. La función de tales vesículas, cuyo conjunto forma el tuétano o médula ósea, es recibir la grasa procedente de la sangre por filtración. A partir de aquí, la grasa se distribuye por unos vasos especiales que Martínez llamó "vasos adiposos". Esta teoría –una de las escasas contribuciones originales de un español a la ciencia de la época– desmintió rotundamente las ideas tradicionales acerca de la médula ósea, apoyándose en la indagación micrográfica asociada a la iatroquímica y a la doctrina de la circulación de la sangre.

3 dibuyo
primer dibuyo
el ori ginal
fibras tendinosas de las
componen un tendon
uno de los Valos
adiposos

LÁMINA XIX

CRISÓSTOMO MARTÍNEZ: Análisis de los movimientos escapulares.

CRISÓSTOMO MARTÍNEZ, *op. cit.*
175 × 226.

Las láminas del *Atlas anatómico,* de Crisóstomo Martínez, de carácter macroscópico son también de gran interés por su calidad artística y rigurosidad científica y, sobre todo, por su completa originalidad. Resulta patente que responden a la preocupación de su autor por la interpretación funcional de las estructuras anatómicas, característica típica de la morfología del Barroco. Hemos seleccionado como ejemplo la número XIII, una de las dedicadas al estudio de los movimientos escapulares. En su parte superior aparecen dos figuras humanas, sin piel, vistas por detrás y en la inferior, tres escápulas con las inserciones de los músculos responsables de sus movimientos.

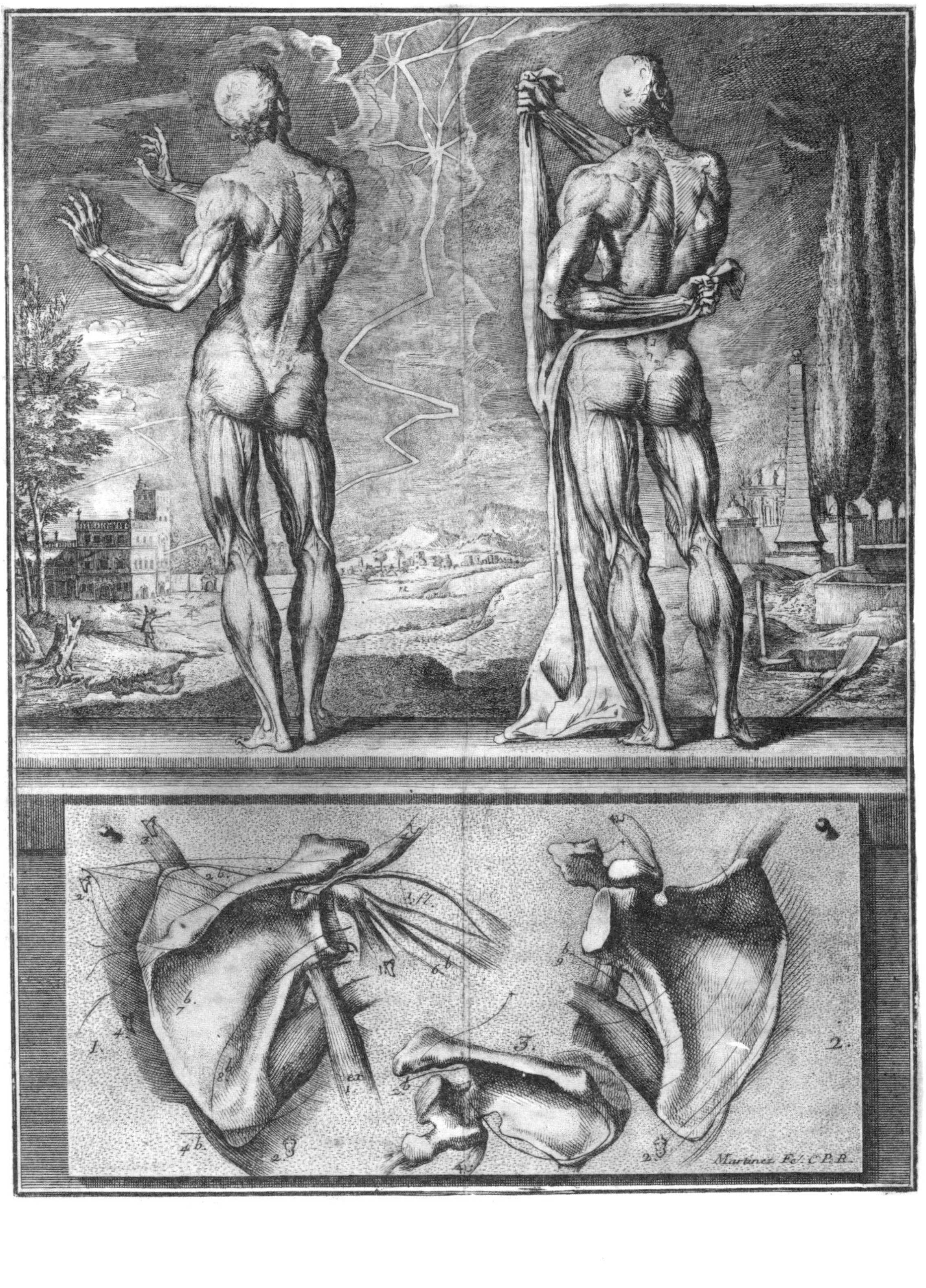
1.
2.
3.
Martinez Fe. C.P.R.

Lámina XX

Matthias Küffel, dib. por J. G. Rudolphi: Alegoría de la medicina.

Gaspar Bravo de Sobremonte, *Resolutiones ac Consultationes Medicae,* 3 vols., Coloniae, Johann Wilhelm Friessen, 1671.
155 × 200.

El palentino Gaspar Bravo de Sobremonte (1603-1683), catedrático de medicina de la Universidad de Valladolid, fue una de las personalidades más representativas del tradicionalismo científico "moderado" en la España de mediados del siglo xvii. Dedicó a la circulación de la sangre un escrito monográfico en el que defendió la doctrina de Harvey, y aceptó el uso de medicamentos químicos y otras novedades, pero siempre como meras rectificaciones de detalle del sistema médico tradicional. Aunque las primeras impresiones de sus obras se publicaron en Valladolid, circularon principalmente a través de dos ediciones en Lyon y de otras dos en Colonia. Como contraportada de estas últimas figura la lámina que reproducimos, grabada y dibujada por artistas alemanes. Es una típica alegoría barroca de la medicina en la que aparecen las cuatro divinidades de la mitología clásica más directamente relacionadas con el arte de curar: Asclepio, Apolo, Hermes y Atenea, que sostiene un ejemplar de las obras del médico castellano.

I. G. Rudolphi inuen. — *Matt. Küsel S.C.M. Sculp.*

Lámina XXI

Bernabé Gómez Galán: "Anatomía del caballo".

Pedro García Conde, *Verdadera albeytería,* Madrid, Antonio González de Reyes, 1685.
168 × 243.

El manchego Pedro García Conde publicó el último de los tratados "clásicos" de la albeitería española de los siglos xvi y xvii. Notable por su estudio de las enfermedades de los équidos, sobresale también por sus ilustraciones: catorce láminas grabadas y dibujadas por Bernabé Gómez Galán, que fueron después imitadas o copiadas por otros autores. Reproducimos la segunda, dedicada a las vísceras del caballo.

LIBRO PRIMERO
DE LA ANOTHOMIA DEL CAVALLO.

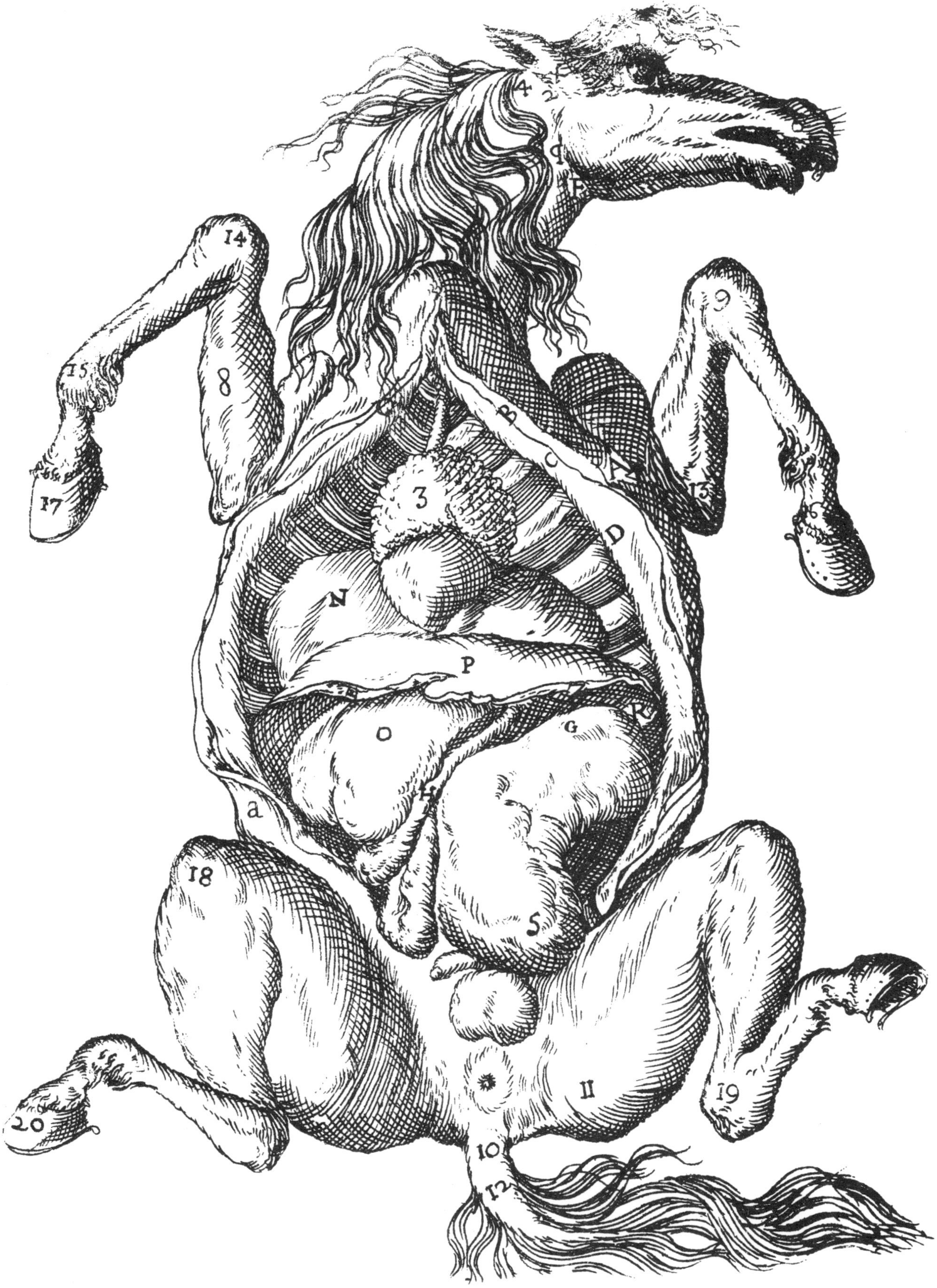

LÁMINA XXII

[Izquierda] "Paradoxas mathemáticas".

BENITO JERÓNIMO FEIJOO, *Theatro Crítico Universal...,* 9 vols., Madrid, Viuda de Francisco del Hierro, 1732-1740.
135 × 185.

[Derecha] "Ilustración esquemática de problemas matemáticos".

PEDRO HENRY, *Consideraciones físico-mathemáticas sobre diferentes puntos de mecánica e hidráulica...,* Sevilla, Vázquez Hidalgo y Compañía, 1789.
195 × 190.

El desconocimiento del movimiento *novator* de finales del siglo XVII y comienzos del XVIII hizo que, durante largo tiempo, se considerase equivocadamente a Benito Jerónimo Feijoo (1676-1764) como introductor de la ciencia moderna en España. La auténtica función desempeñada por el benedictino gallego fue, por el contrario, la de divulgador científico. Dedicó a la ciencia una parte considerable de su *Theatro Crítico* y de sus *Cartas eruditas,* redactadas con una inteligencia y atractivo que explican el extraordinario éxito que tuvieron en España y las traducciones que alcanzaron en varios idiomas. De este modo, contribuyeron poderosamente a la difusión social de los conocimientos científicos y a la divulgación de las ideas modernas. Una de las láminas del *Theatro Crítico* está dedicada a cuatro "paradoxas matemáticas":

Fig. 1: "Posibles son dos líneas que continuamente se vayan acercando más y más una a otra y que, por más que se prolonguen, nunca lleguen a tocarse".
Figs. 2 y 3: "Ningún objeto se ve clara y distintamente sino con un ojo sólo".
Fig. 4: "La Tierra no es de figura esférica".
Fig. 5: "El Sol se ve sobre el horizonte antes de nacer y después de ponerse".

El hispanofrancés Pedro Henry fue catedrático de matemáticas en Sevilla y sus *Consideraciones,* una monografía destinada a la enseñanza en la que puso al día diferentes cuestiones de matemáticas aplicadas a "la mecánica y la hidráulica". Incluye cuatro láminas, de las cuales reproducimos la segunda. Corresponde a los siguientes "problemas" y "proposiciones":

7: "Hallar las circunstancias del equilibrio en el torno cuando las potencias forman entre sí un ángulo cualquiera, atendiendo a la resistencia del rozamiento".
8: "Caída de los cuerpos en planos inclinados".
9, 10: "Movimientos en línea curva de un cuerpo animados por dos fuerzas a un tiempo".
11-16: "Tiros por elevación, prescindiendo de la resistencia del medio".

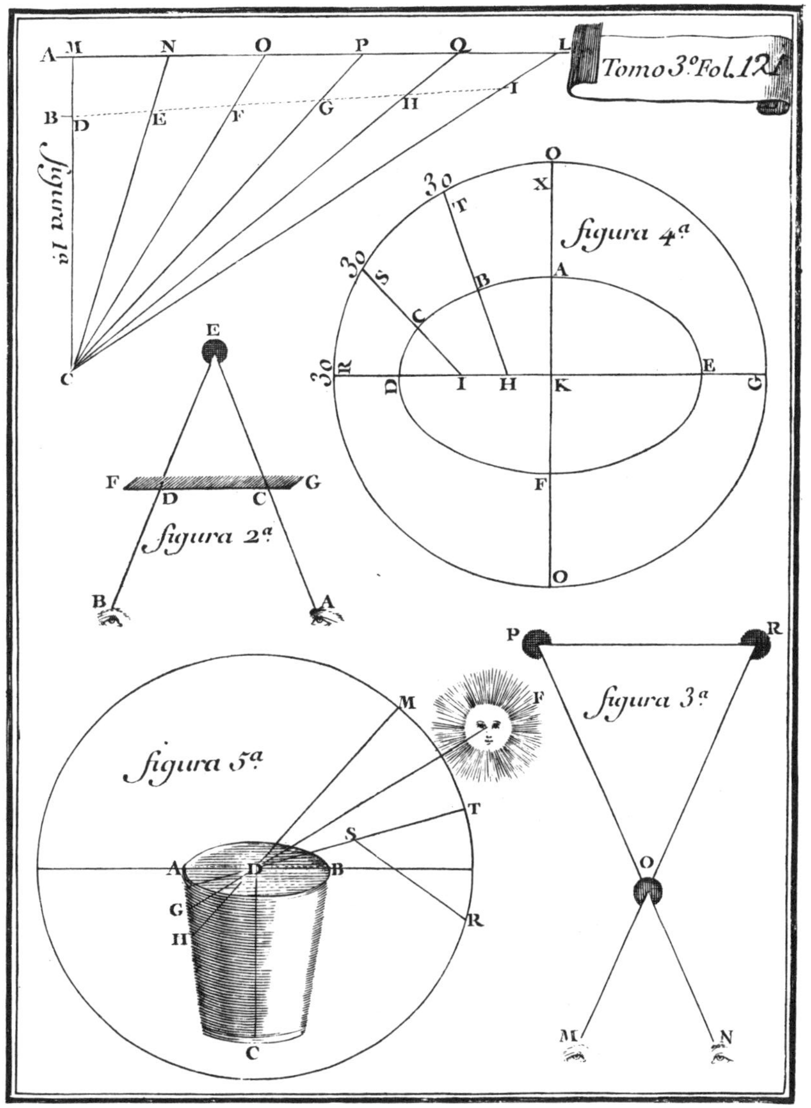
Tomo 3.º Fol. 12
figura 1.ª
figura 2.ª
figura 3.ª
figura 4.ª
figura 5.ª

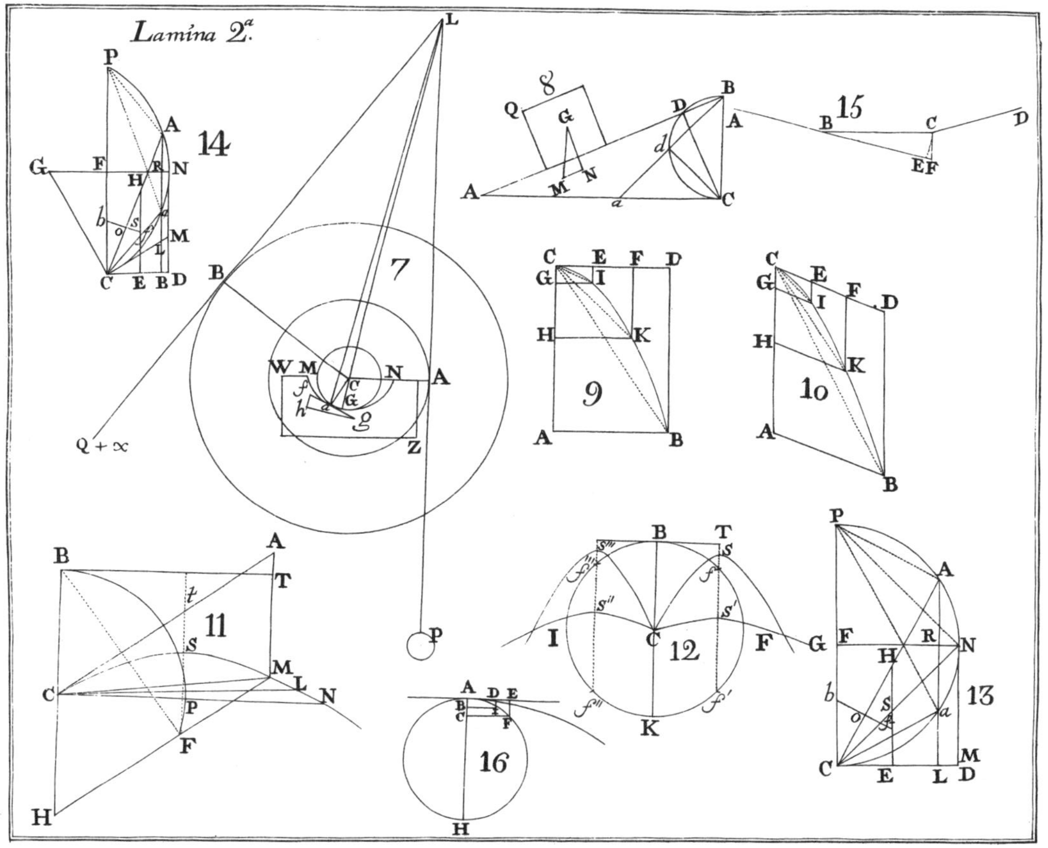
Lamina 2.ª

LÁMINA XXIII

[Arriba] JUAN MORENO DÍEZ: "Selenographia de la Luna".

[Abajo] VICENTE DE LA FUENTE: "Quarto de círculo, el instrumento más preciso para la práctica de la Astronomía".

JORGE JUAN SANTACILIA y ANTONIO DE ULLOA, *Observaciones astronómicas y phísicas hechas de orden de S. Mag. en los Reynos del Perú,* Madrid, Juan de Zúñiga, 1748.
240 × 160; 230 × 220.

El valenciano Jorge Juan Santacilia (1713-1773) fue la figura más destacada de las ciencias físico-matemáticas en la España de la Ilustración. De su amplia actividad, nos limitaremos a recordar que en 1734 fue designado, junto al naturalista Antonio de Ulloa (1716-1795), para encabezar la participación española en la expedición al Perú, organizada por la Academia de Ciencias, de París, para medir un arco de meridiano terrestre. Desde 1735 hasta 1744 trabajó en dicha expedición, encargándose de las observaciones astronómicas y de las experiencias físicas, mientras que Ulloa realizaba las correspondientes a la historia natural. A su regreso, ambos expusieron los resultados en sus *Observaciones astronómicas y phísicas... en los reynos del Perú* (1748), obra rigurosamente al día en la que Jorge Juan, por ejemplo, utilizó el análisis infinitesimal, así como la astronomía y la física posteriores a Newton.

Aparte de un retrato de Jorge Juan, grabado por Manuel Salvador Carmona, el libro incluye siete láminas, tres sin firmar, otra de Juan Moreno Díez (la "Selenographia de la Luna" aquí reproducida) y dos de Vicente de la Fuente, una de las cuales representa el instrumento astronómico llamado "cuarto de círculo".

SELENOGRAPHIA
DE LA LUNA.
1 Grimaldi.
2 Galileo.
3 Aristarcho.
4 Keplero.
5 Gassendo.
6 Schikardo.
7 Harpalo.
8 Heraclides.
9 Lansbergio.
10 Reinholdo.
11 Copernico.
12 Helicon.
13 Capuano.
14 Bullialdo.
15 Eratosthenes.
16 Timochares.
17 Platon.
18 Archimedes.
19 Insula sinus medii.
20 Pitato.
21 Tycho.
22 Eudoxo.
23 Aristoteles.
24 Manilio.
25 Menelao.
26 Hermes.
27 Possidonio.
28 Dionissio.
29 Plinio.
30 Cathalina, Cirillo, Theophilo
31 Fracastorio.
32 Promontorio agudo
33 Messahala.
34 Promontorio del sueño.
35 Proclo.
36 Cleomedes.
37 Snellio y Furnerio.
38 Petavio.
39 Langreno
40 Taruntio.
41 Ptolomeo.
A Mare Humorum.
B Mare Nubium.
C Mare Imbrium.
D Mare Nectaris.
E Mare Tranquilitatis.
F Mare Serenitatis.
G Mare Fecunditatis.
H Mare Crisium.
Pagina 88.

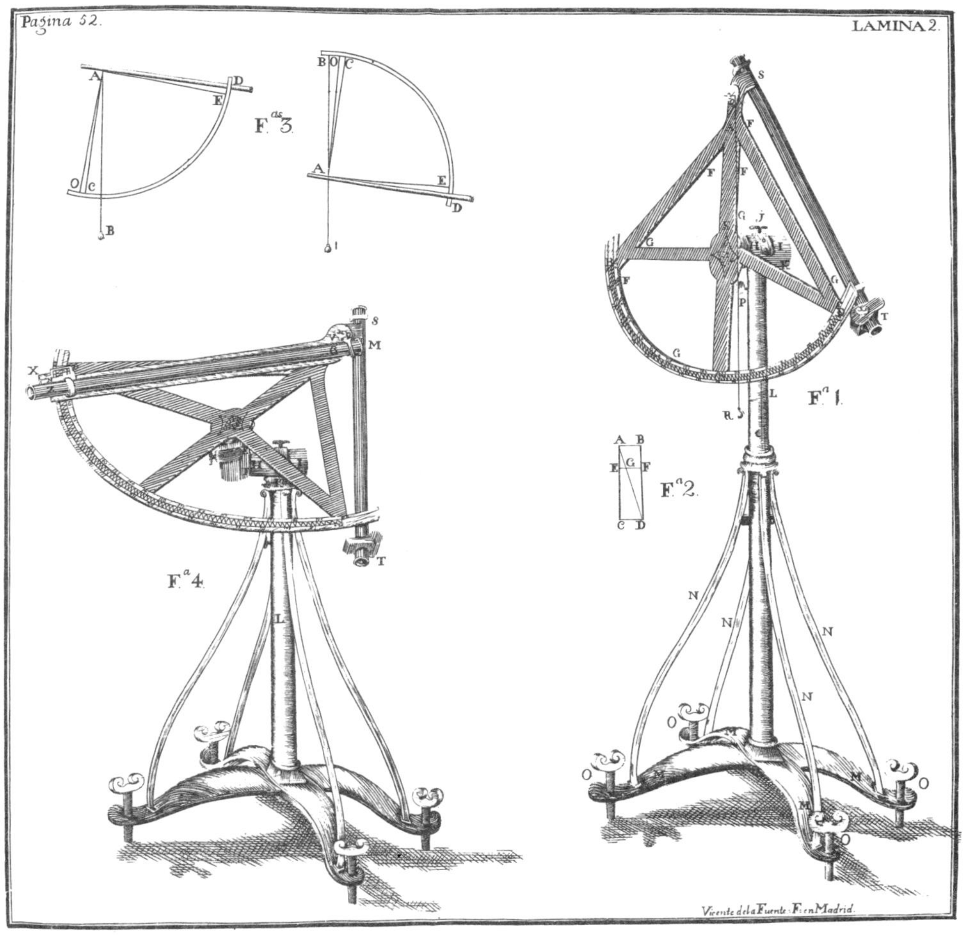
Pagina 52.
LAMINA 2.
F.as 3
F.a 1.
F.a 2.
F.a 4.
Vicente de la Fuente F. en Madrid.

Lámina XXIV

[Izquierda] "Máquina pneumática".

Benito Jerónimo Feijoo, *Theatro Crítico Universal...,* 9 vols., Madrid, Viuda de Francisco del Hierro, 1732-1740.
90 × 180.

[Derecha] Esquemas sobre las propiedades físicas del aire.

Francisco Chabaneau, *Elementos de ciencias naturales dispuestos de orden del Rey...,* 3 vols., Madrid, Vda. de Ibarra, 1790.
125 × 195.

Otra de las ilustraciones de tema científico del *Theatro Crítico,* de Benito Jerónimo Feijoo (lámina XXII) es la dedicada a "la máquina neumática". Sin su descripción, el sabio benedictino considera que "no lograría la mayor parte de mis lectores alguna exacta diligencia de las doctrinas físicas que hemos deducido de los experimentos hechos en ella". No ha sido posible localizar el artista al que corresponde la firma abreviada que aparece en el grabado.

El francés Francisco Chabaneau (1754-1842) forma parte del importante grupo de científicos extranjeros que trabajaron en instituciones españolas durante el siglo xviii, contribuyendo a la renovación promovida por los gobernantes ilustrados. Chabaneau fue profesor en el Real Seminario Patriótico, de Vergara y, más tarde, catedrático de la Real Escuela de Mineralogía, de Madrid. Cuando ocupaba este último cargo publicó sus *Elementos de ciencias naturales* (1790), excelente manual didáctico que fue uno de los textos seleccionados por Gaspar Melchor de Jovellanos para el célebre Instituto Asturiano, de Gijón. Reproducimos su lámina tercera, que ilustra el capítulo sobre las "propiedades físicas del aire". Las figuras 16, 17 y X corresponden al estudio del "mecanismo del sifón", la 18 representa una pipeta y la 19 una "bomba neumática atractiva".

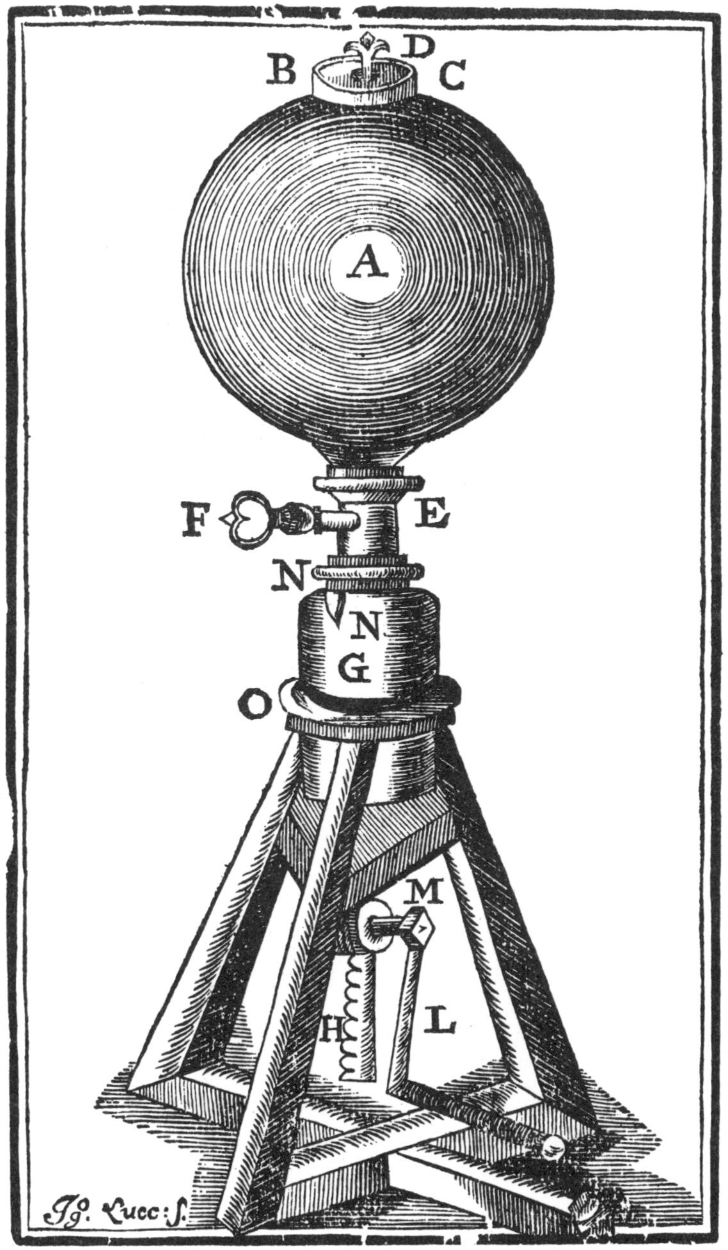
B
D
C
A
F
E
N
N
G
O
M
H
L
Jg. Lucc: f.

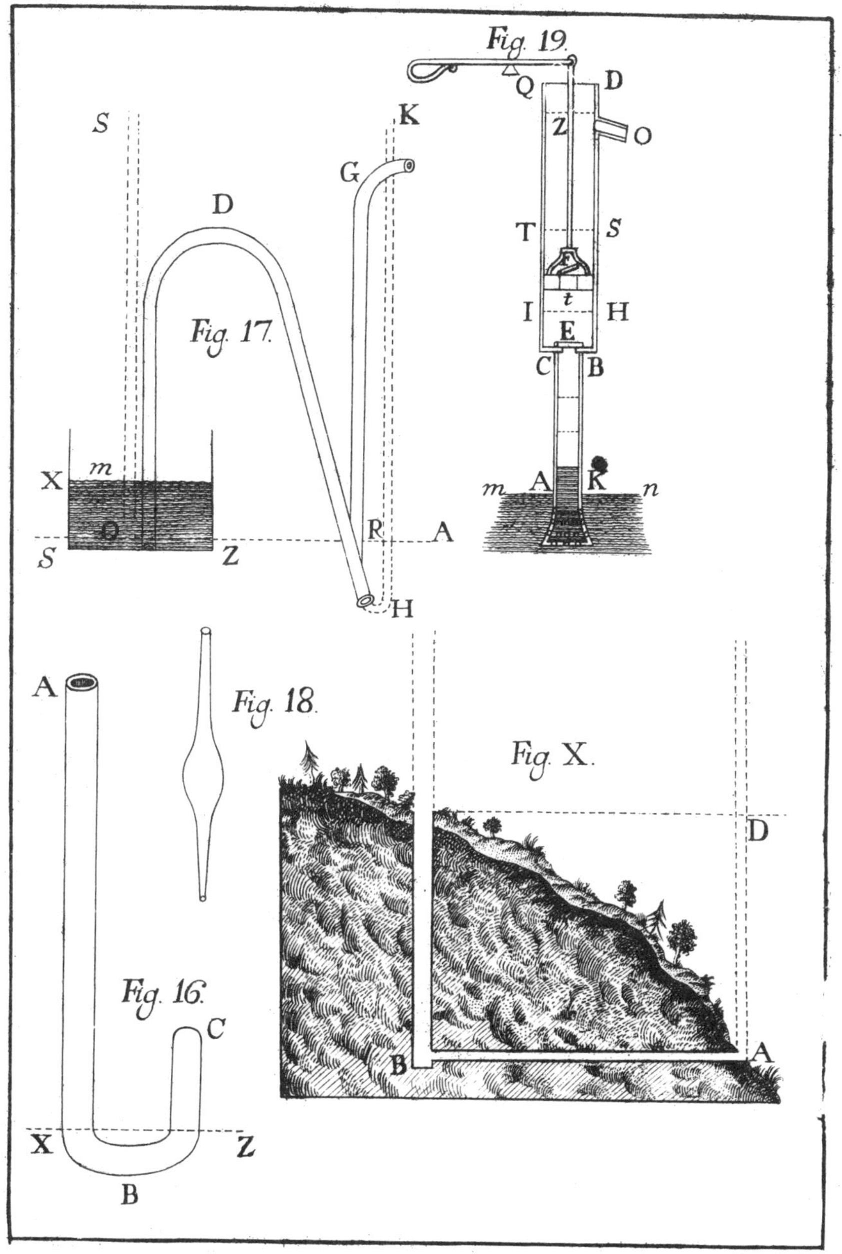
Fig. 19.
Fig. 17.
Fig. 18.
Fig. X.
Fig. 16.
S
D
K
G
X
m
O
S
Z
R
A
H
Q
D
Z
O
T
s
I
t
H
E
C
B
m
A
K
n
A
D
B
A
C
X
B
Z

Lámina XXV

"Máquina simplificada para elevar el agua por medio del fuego".

Miguel Gerónimo Suárez y Núñez, *Colección general de máquinas...*, 2 vols., Madrid, Pedro Marín, 1783. 345 × 195.

Miguel Gerónimo Suárez y Núñez, archivero de la Real Junta General de Comercio, Moneda y Minas, publicó en 1783 una obra en dos volúmenes dedicada a las máquinas "que hasta hoy se han publicado en Francia, Inglaterra, Italia, Suecia y otras partes". Consiste en un atlas de ciento dieciocho láminas, cada una de ellas acompañada de una amplia noticia de la máquina correspondiente. Las del primer volumen están firmadas, en su mayor parte, por cinco importantes grabadores (Bernardo Albistur, José Giraldo, Francisco Hernández, Juan Fernando Palomino y Lorenzo Sánchez Mansilla), mientras que las del segundo son anónimas. La que reproducimos carece de firma y representa una versión perfeccionada del modelo de máquina de vapor ideado por Savery, el primero que funcionó rentablemente.

Maquina simplificada para elevar el agua por medio del fuego.

Num. 58. Lam. 64. Fol. 233.

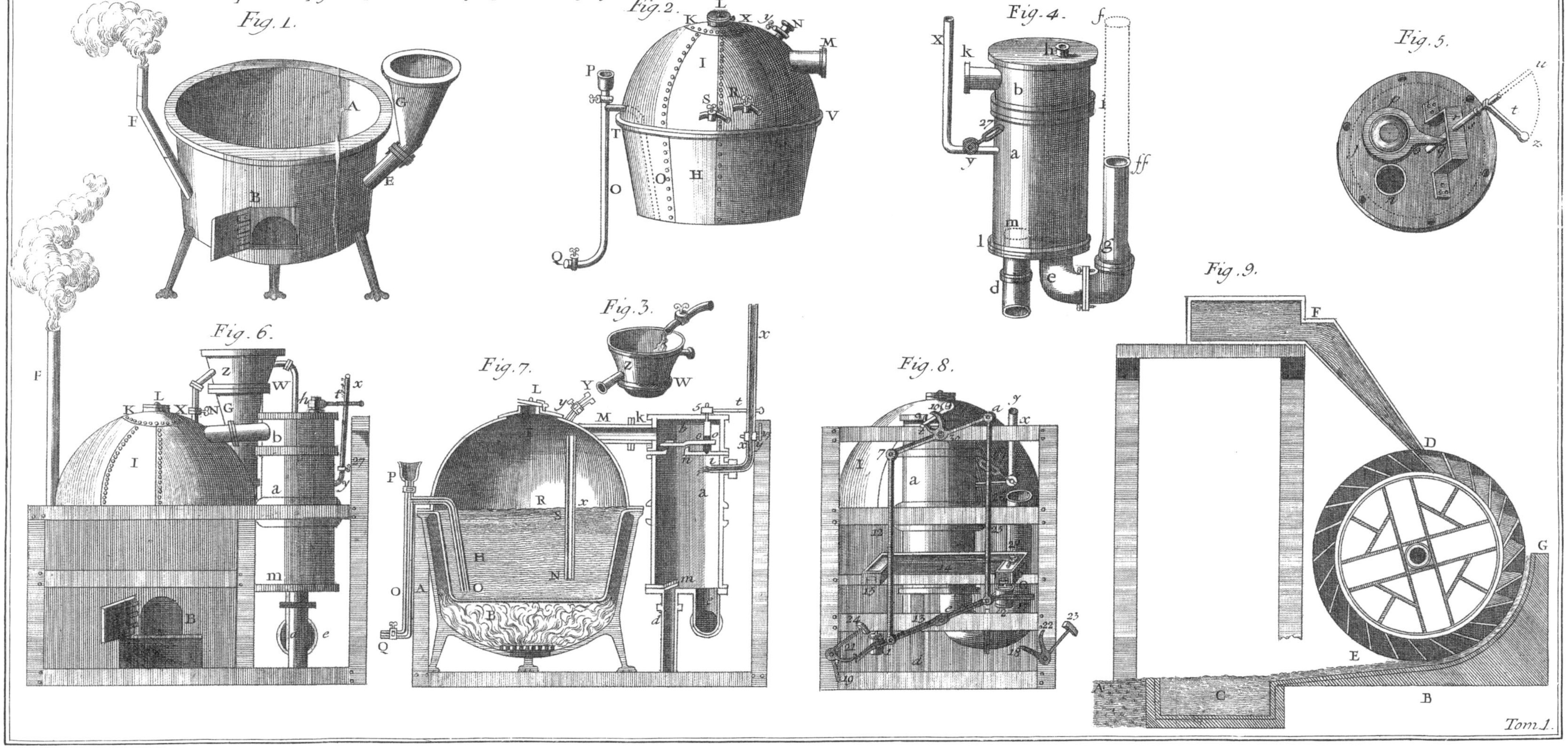

Tom. 1.

LÁMINA XXVI

[Derecha] MANUEL NAVARRO: Linterna mágica y microscopio solar.

[Izquierda] MANUEL NAVARRO: Máquina de Ramsden y batería eléctrica.

Diccionario Universal de Física, escrito en francés por M. Brisson... Traducido al castellano, y aumentado con los nuevos descubrimientos posteriores a su publicación por C. C. (y F. X. C.), 9 vols. + suplemento + atlas, Madrid, Imprenta Real, 1796-1802.
160 × 210; 160 × 210.

En los años de transición del siglo XVIII al XIX, Cristóbal Cladera publicó una traducción castellana del *Dictionaire raisonné de physique* (1781-1800), de Mathurin Jacques Brisson, ampliando extraordinariamente el contenido del original francés con numerosos materiales españoles y varios centenares de artículos correspondientes a las aportaciones internacionales más recientes.

Este *Diccionario Universal de Física* incluye un atlas de noventa y nueve láminas calcográficas, casi todas obra del zaragozano Manuel Navarro, grabador que trabajó en la Corte bajo la dirección de Manuel Salvador Carmona, ilustrando una amplia serie de publicaciones, varias de ellas de carácter científico. Reproducimos la número 50, que representa una linterna mágica y un microscopio solar, con sus respectivos esquemas, y la número 67, en la que aparece una máquina eléctrica de Ramsden unida a una batería eléctrica constituida por seis botellas de Leyden colocadas en una caja forrada de estaño.

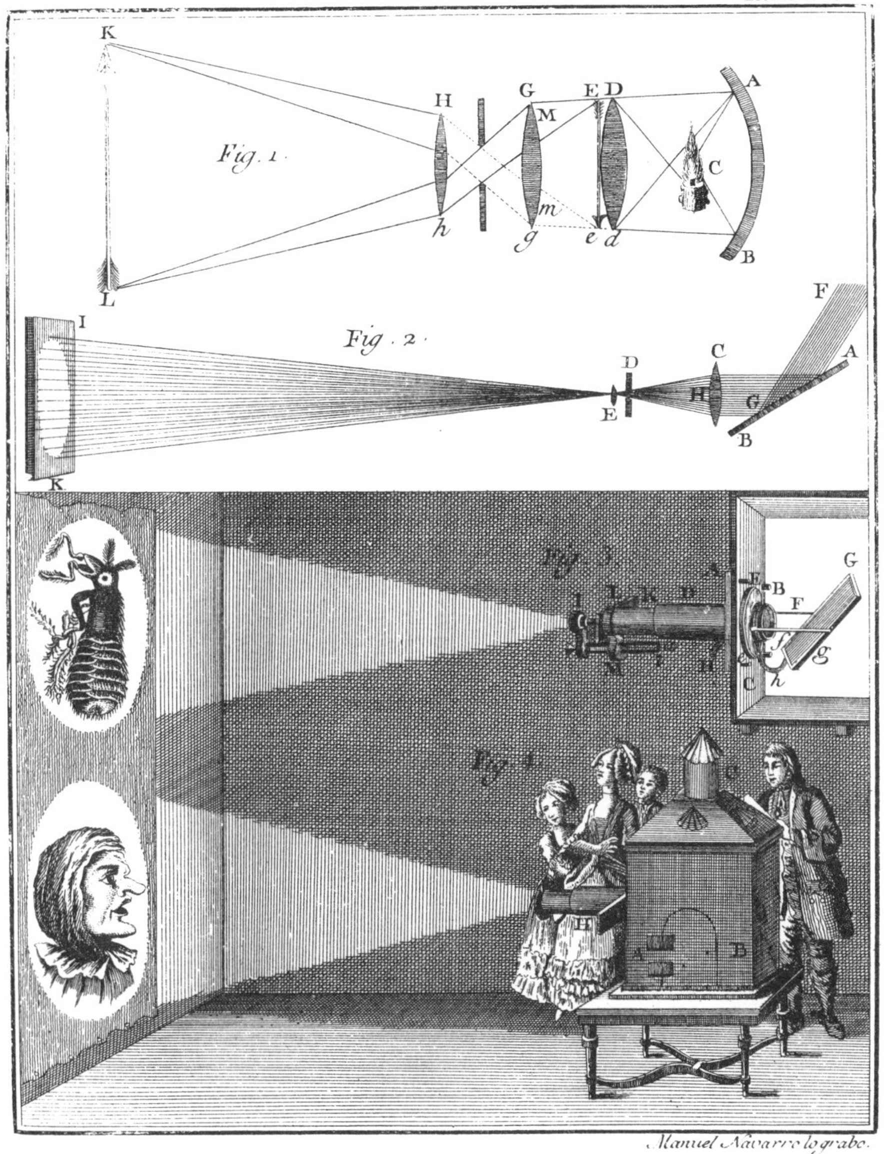

Manuel Navarro lo grabó.

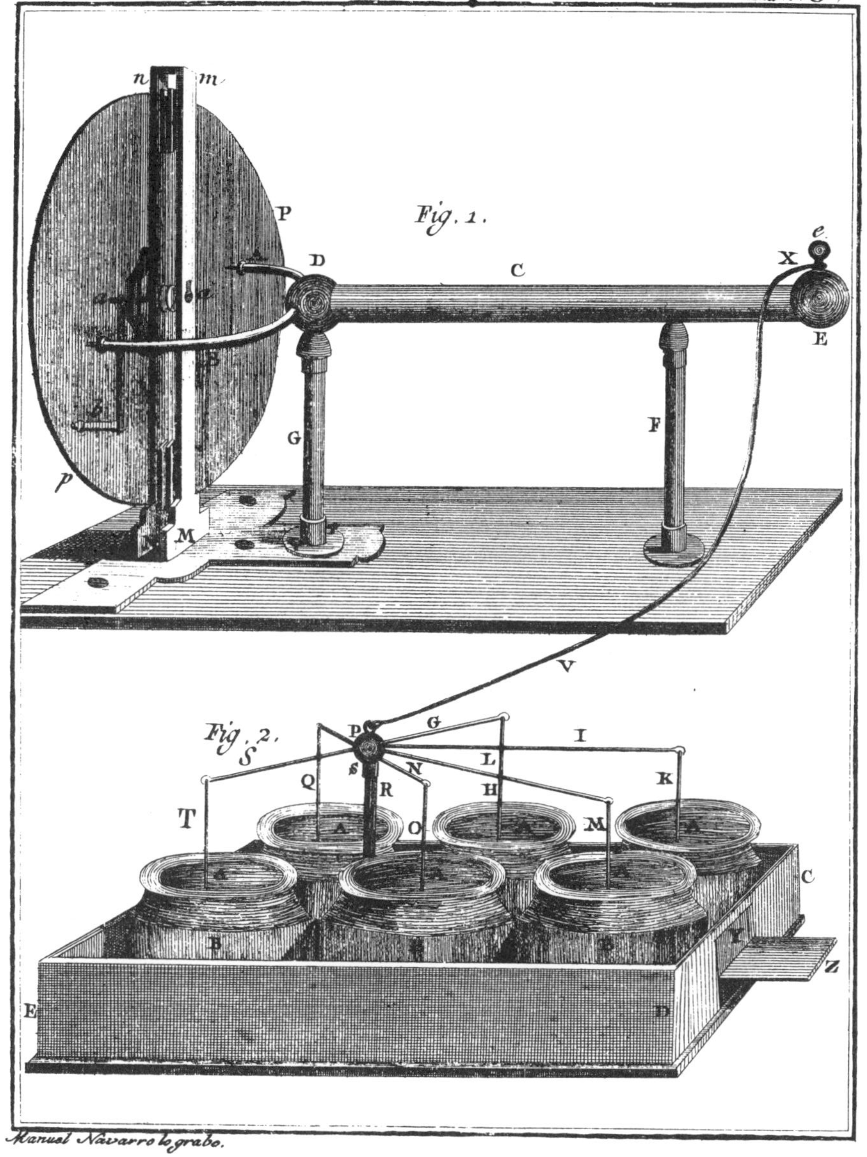

Manuel Navarro lo grabó.

Lámina XXVII

[Arriba] Manuel Bru: "Varios alambiques".

[Abajo] Manuel Bru: "Alambique de vidrio, pelicano, aludeles, retorta inglesa, horno de reverbero".

Pierre Joseph Macquer, *Elementos de química theórica... para el uso de la Universidad de Valencia,* Valencia, Joseph Estevan, 1788.
220 × 140; 220 × 140.

Una de las expresiones más típicas del reformismo ilustrado en el terreno didáctico fue el plan de estudios instaurado por el rector Vicente Blasco en la Universidad de Valencia (1786). Además de renovar la docencia médica, concedió carácter autónomo a la enseñanza de ciencias como la botánica y la química, dotándolas de un jardín y de un laboratorio de acuerdo con las exigencias de la época. Como libro de texto para los estudiantes de química se publicó una traducción castellana de los *Elementos* de Pierre Joseph Macquer. La edición lleva cuatro láminas grabadas por Manuel Bru, influyente figura del mundo artístico valenciano desde su puesto de profesor de la Real Academia de San Carlos.

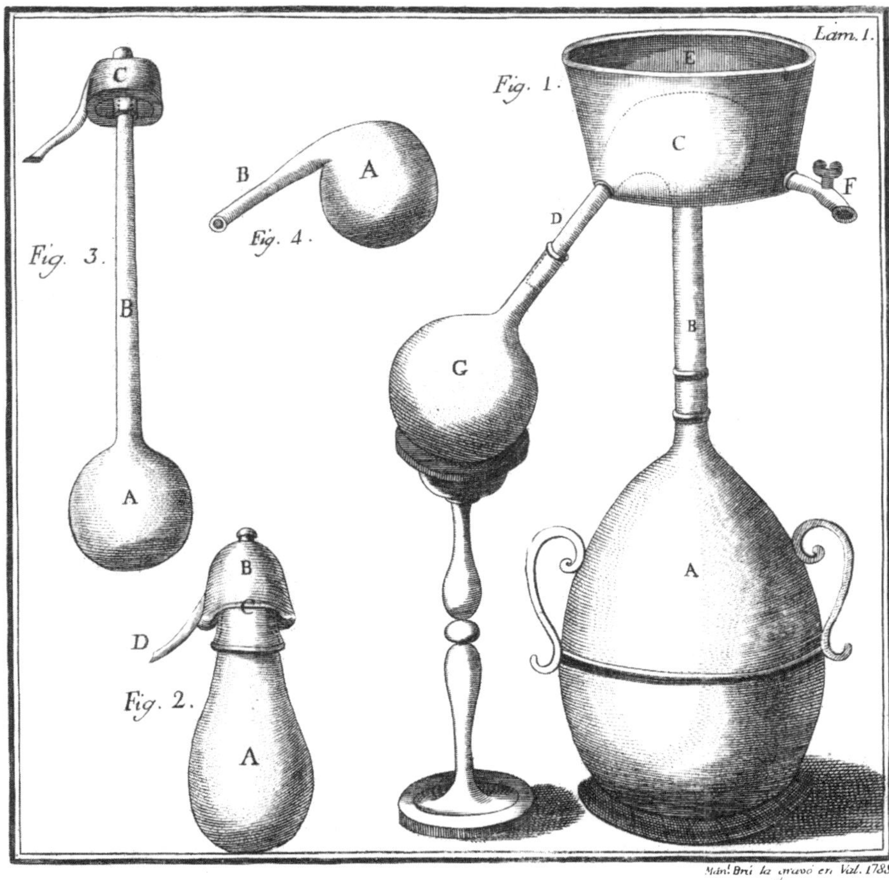

Man.l Bri la gravó en Val. 1788.

EXPLICACION.

Fig. I. Alambique de metal.
A. *La cucurbita.*
B. *Cuello del alambique.*
C. *El chapitel.*
D. *Pico del chapitel.*
E. *El refrigerante.*
F. *Llave de fuente de el refrigerante.*
G. *El recipiente.*

Fig. 2. Alambique de vidrio.
A. *La cucurbita.*
B. *El chapitel.*
C. *La regata del chapitel.*
D. *El pico del chapitel.*

Fig. 3. Alambique de vidrio de cuello largo.
A. *Cuerpo del matraz.*
B. *El cuello.*
C. *El chapitel.*

Fig. 4. Retorta.
A. *Cuerpo de la retorta.*
B. *Su cuello.*

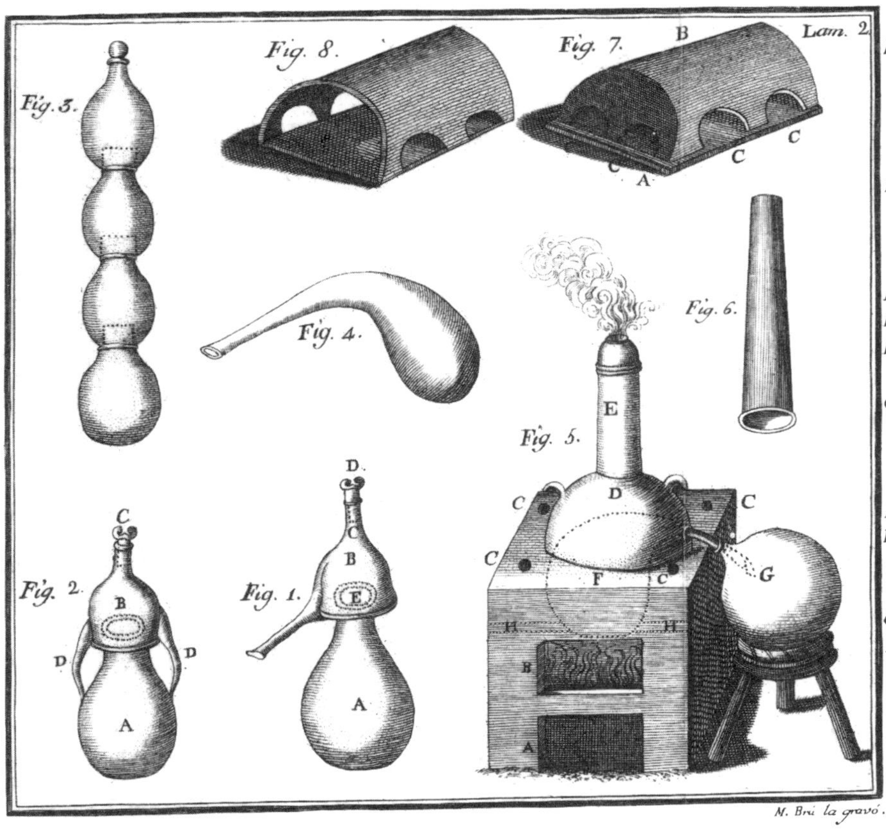

M. Bri la gravó.

EXPLICACION.

Fig. I. Alambique de vidrio de vna sola pieza.
A. *La cucurbita. B. el chapitel.*
C. *Boca superior del chapitel.*
D. *Tapon de esta boca.*
E. *Boca de la cucurbita.*

Fig. 2. Pelicano.
A. *La cucurbita* B. *el chapitel.*
C. *Su boca con su tapon.*
D.D. *Los dos picos en forma de asas.*

Fig. 3. Aludeles.

Fig. 4. Retorta Inglesa.

Fig. 5. Horno de reverbero.
A. *Puerta del cenizero.* B. *boca del hogar.*
C.C.C.C. *Registros.* D. *el domo ó reverbero del horno.*
E. *La canal conica.* F. *la retorta colocada en el horno.* G. *el recipiente.* H.H. *barras de hierro que sobstienen la retorta.*

Fig. 6. La canal conica separada del horno.

Fig. 7. Mufla vista por su parte posterior.
A. *Base de la mufla.*
B. *Su bobeda.*
C.C.C.C. *Sus bocas laterales.*

Fig. 8. Mufla vista por su parte delantera.

LÁMINA XXVIII

MANUEL ESQUIVEL DE SOTOMAYOR, dib. por JOSÉ APARICIO: "Vista de un laboratorio".

JOSÉ MARÍA DE SAN CRISTÓBAL y JOSÉ GARRIGA BUACH, *Curso de Química general aplicado a las artes,* 2 vols., París, Crapelet, 1804.
211 × 132.

José María de San Cristóbal y José Garriga Buach, pensionados en París para estudiar química junto a Nicolás Vauquelin, publicaron allí en 1804, por encargo del gobierno español, un *Curso* de química aplicada que figura entre los primeros libros de texto sobre el tema de contenido plenamente moderno. Lleva veinticuatro excelentes láminas en cuya confección colaboraron dos artistas españoles asimismo pensionados en la capital francesa: José Aparicio, que las dibujó todas, y Manuel Esquivel de Sotomayor, que grabó nueve. La primera de ellas, aquí reproducida, ofrece una visión de conjunto de un laboratorio químico de la época.

Vista de un Laboratorio .

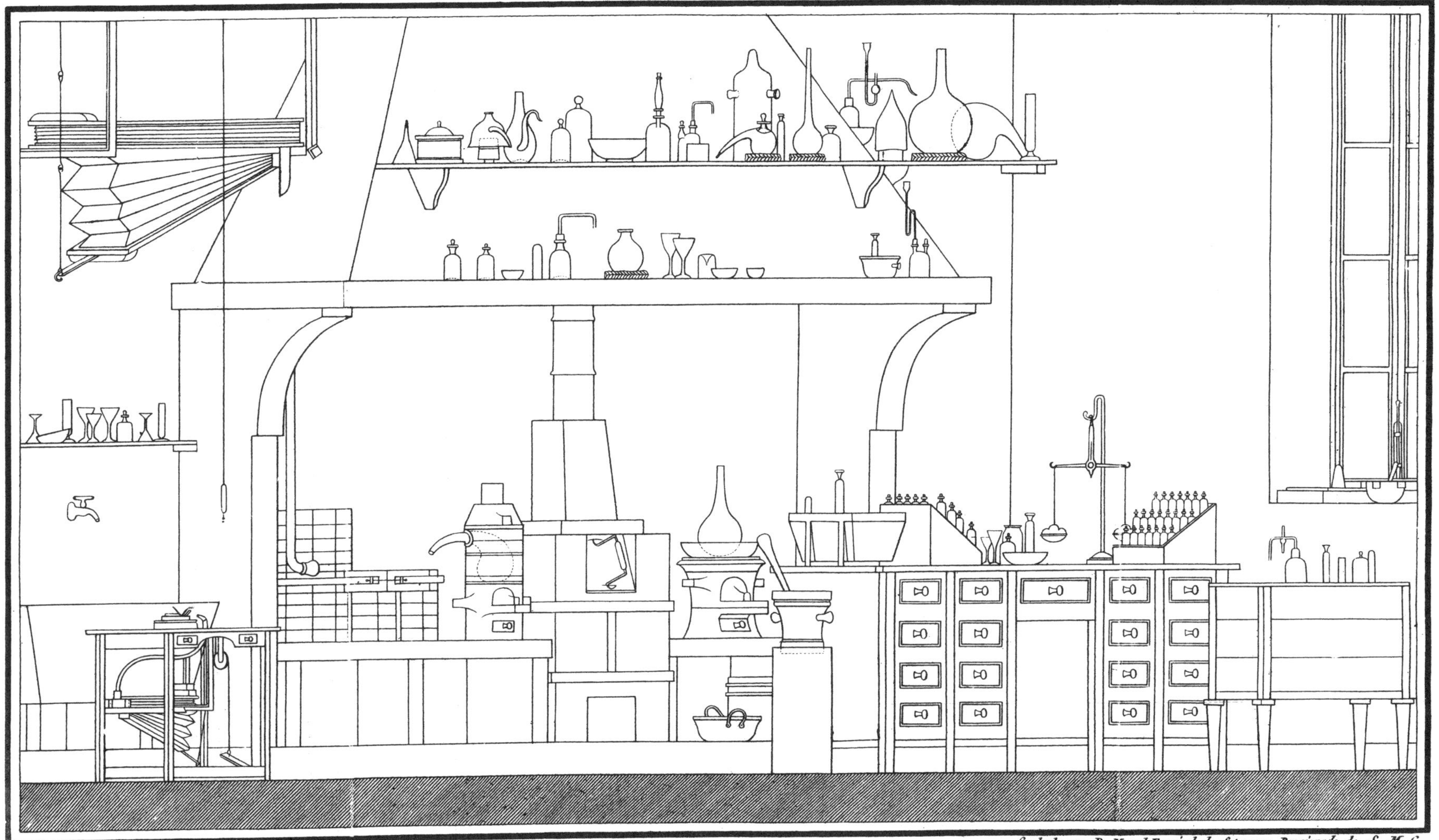

Dibuxado por Aparicio el menor .

Grabado por D. Manuel Esquivel de Sotomayor Pensionado de S. M. C .

Lámina XXIX

Manuel Esquivel de Sotomayor, dib. por José Aparicio: Instrumentos químicos.

José María de San Cristóbal y José Garriga Buach, *op. cit.*
211 × 164.

Otra de las láminas del *Curso de Química,* de San Cristóbal y Garriga, asimismo grabada por Esquivel de Sotomayor y dibujada por Aparicio. Representa los siguientes instrumentos:

Fig. 1: "Tubo encorvado para descomponer el agua por la acción del galvanismo".
Fig. 2: "Balanza hidrostática".
Fig. 3: "Gravímetro de Nicolson para determinar el peso específico de los líquidos".
Fig. 4: "Areómetro de Beaumé para determinar el peso específico de los sólidos".
Fig. 5: "Areómetro de Farenheit".
Fig. 6: "Higrómetro".

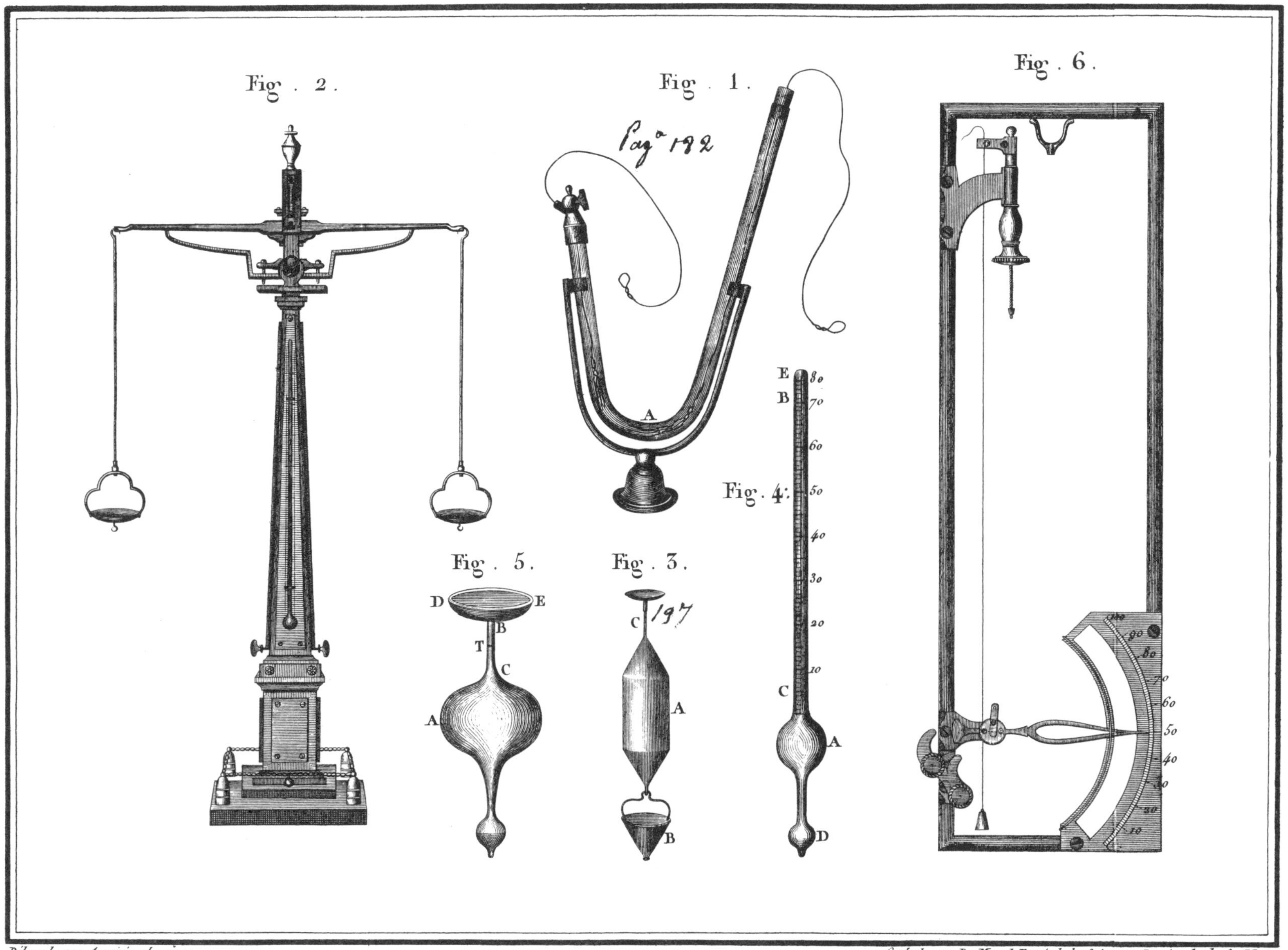

Dibuxado por Aparicio el menor. Grabado por D. Manuel Esquivel de Sotomayor Pensionado de S. M. C.

Lámina XXX

[Arriba] Fósiles de "equinites" y "equinos", "limax marina", "millepora", "estrellas marinas" y "cornu ammonis".

[Abajo] Fósiles de "cornu ammonis" y de conchas de "testáceos".

José Torrubia, *Aparato para la Historia Natural de España,* Madrid, Herederos de Agustín Gordejuela Sierra, 1754.
170 × 115; 170 × 115.

En su *Aparato para la Historia Natural de España,* el granadino José Torrubia (*ca.* 1700-1768) expuso las observaciones que había realizado en sus viajes por América, Asia y Oceanía, así como por la propia Península Ibérica. Su contribución más importante corresponde a la geología y, especialmente, a la paleontología, siendo el primer estudio en castellano dedicado a los fósiles, que considera todavía desde la interpretación literal de la Biblia. Ello no impidió a Torrubia ser un excelente observador y uno de los iniciadores de la indagación microscópica dentro de las ciencias de la tierra, que empleó principalmente para conocer la estructura de los "huesos petrificados" y de sus "cristalizaciones".

La obra lleva catorce láminas, cuatro de ellas grabadas por Juan Moreno, una por Juan Fernando Palomino y el resto sin firmar. Con la excepción de la última, todas ellas están dedicadas a fósiles estudiados personalmente por Torrubia. De las dos que reproducimos, la número III representa especies fósiles de equínidos, trilobites, milepóridos, esteláridos y ammonites (que Torrubia llama "equinites" y "equinos", "limax marina", "millepora", "estrellas marinas" y "cornu ammonis"); y la número IV, dos ejemplares de "cornu ammonis", uno de ellos acompañado de conchas de tres "testáceos".

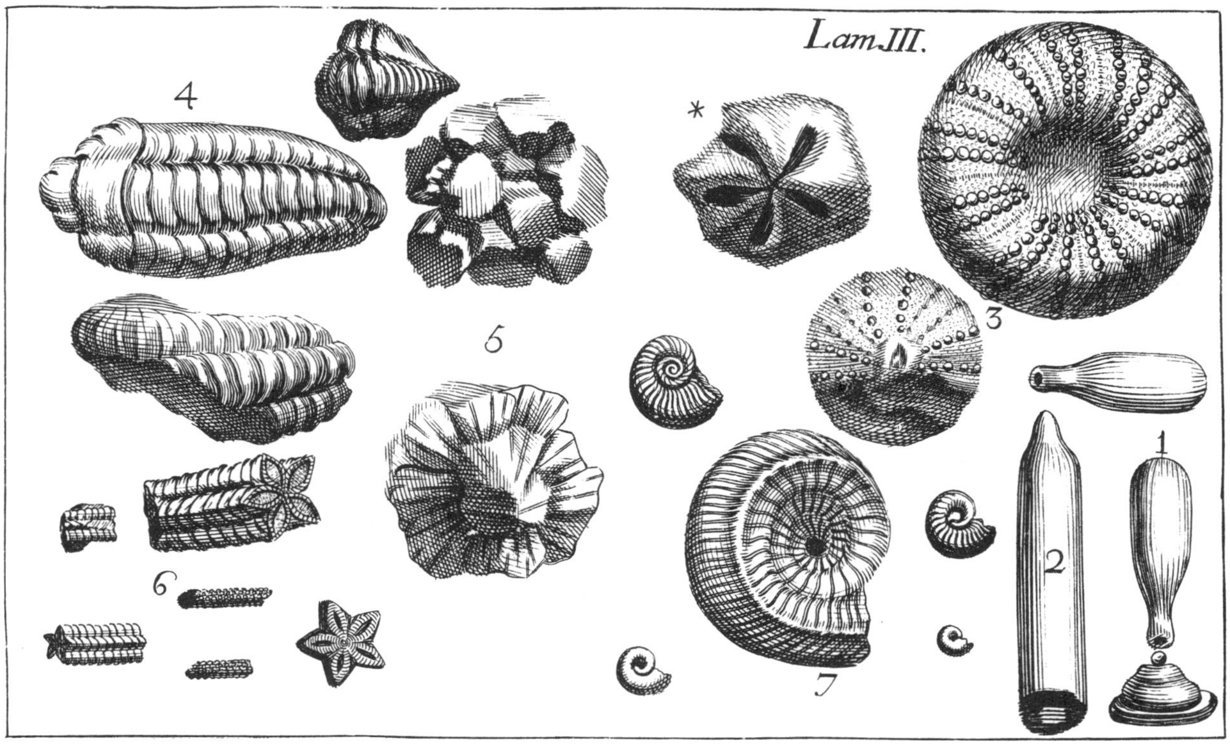
Lam.III.
4
*
3
5
1
2
6
7

Lam.IV.
2
1

Lámina XXXI

Manuel Navarro, dib. por Juan Bautista Bru de Ramón: Esqueleto de megaterio.

Juan Bautista Bru de Ramón, *Descripción del esqueleto de un quadrúpedo muy corpulento y raro que se conserva en el Real Gabinete de Historia Natural de Madrid...*, Madrid, Viuda de Joaquín Ibarra, 1796.
526 × 340.

La contribución científica de mayor importancia del valenciano Juan Bautista Bru de Ramón (1740-1799), "pintor y disecador" del Real Gabinete de Historia Natural, de Madrid, fue el montaje y estudio de un esqueleto de megaterio procedente del Río del Plata, primer esqueleto de mamífero fósil reconstruido en Europa. Además de montarlo, le dedicó un detenido estudio anatómico, que expuso en una *Descripción* y en cinco grandes láminas, dibujadas por él y grabadas al buril por Manuel Navarro, autor, como sabemos, de la mayoría de las ilustraciones del *Diccionario Universal de Física* (lámina XXVI).

El trabajo de Bru sirvió de base para la descripción del género *Megatherium* por Georges Cuvier, quien publicó una traducción francesa de la descripción del valenciano en los *Annales du Muséum National d'Histoire Naturelle* (1804), que más tarde incluyó en su obra *Recherches sur les ossements fossiles* (1812), uno de los grandes títulos clásicos de la paleontología. A través de Cuvier, el estudio de Bru influyó en otros naturalistas, entre ellos, el propio Darwin.

LAM. I.

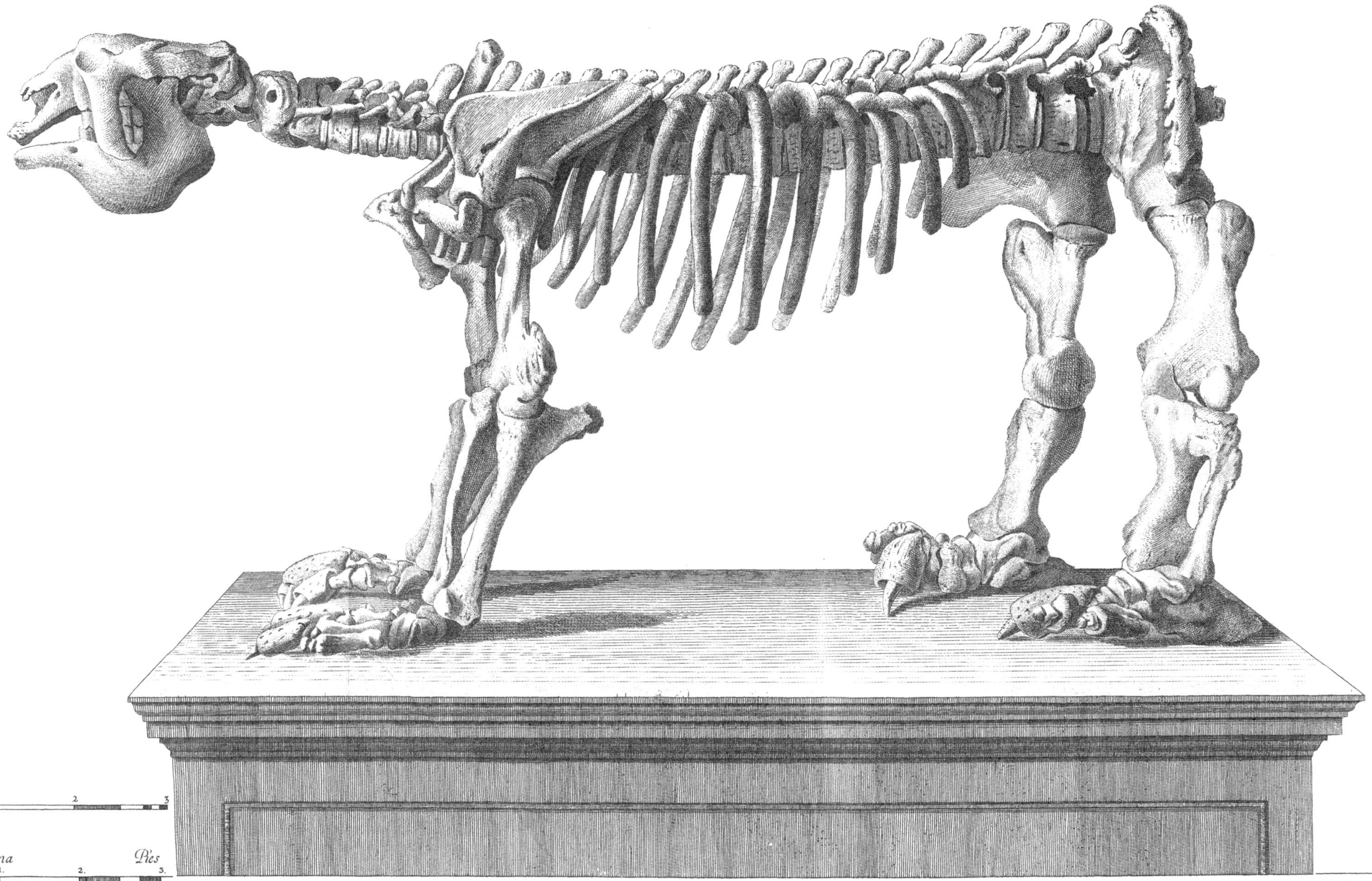

Trois Piés

1 2 3

Vara Castellana Pies

1. 2. 3.

J. B. Bru delin.

M. Navarro s.c.p.

LÁMINA XXXII

TOMÁS LÓPEZ ENGUÍDANOS, dib. por ANTONIO JOSÉ CAVANILLES: "1. Antirrhinum tenellum. 2. Convulvulus valentinus".

ANTONIO JOSÉ CAVANILLES, *Icones et descriptiones plantarum quae aut sponte in Hispania crescunt, aut in hortis hospitantur,* 6 vols., Matriti, ex Regia Typographia, 1791-1801.
190 × 240.

Entre los grandes botánicos españoles de la Ilustración destaca como estudioso de la flora de la Península Ibérica el valenciano Antonio José Cavanilles (1745-1804). A partir de 1789 realizó, por encargo oficial, una serie de viajes por diversos territorios peninsulares en los que recogió un abundante material, al que unió plantas procedentes de las expediciones botánicas españolas a América y el Pacífico. Ésta fue la base de las *Icones,* su obra cumbre, cuyos seis volúmenes en folio mayor aparecieron entre 1791 y 1801. Se trata de una de las más importantes aportaciones de la época a la botánica descriptiva, que incluye un estudio de gran altura de setecientas doce especies, muchas de ellas nuevas, con láminas de notable calidad y belleza dibujadas por el mismo Cavanilles. En ellas aparecen reproducidos los más pequeños caracteres diferenciales con extraordinario detalle, lo que corresponde a la utilización habitual de la observación microscópica para el estudio de la morfología externa de las plantas. De grabarlas se encargaron el francés Sellier y los españoles Miguel Gamborino, Tomás y Vicente López Enguídanos, Alejandro Blanco Asensio y José Fonseca de Mendoza. Reproducimos una de las realizadas por Tomás López Enguídanos, que representa dos endemismos botánicos valencianos: el *Chaenorhinum tenellum* (Cav.) Lange (*Antirrhinum tenellum* Cavanilles) y el *Convulvulus valentinus* Cavanilles.

1 ANTIRRHINUM TENELLUM. 2 CONVOLVULUS VALENTINUS. Tab. 180.

A. J. Cavanilles del. T. Lopez Escul.

LÁMINA XXXIII

JOSÉ MARÍA DE LA VEGA, dib. por ISIDRO GÁLVEZ: *Aristolochia fragrantissima.*

HIPÓLITO RUIZ LÓPEZ, *Memoria sobre las virtudes y usos de la planta llamada en América Bejuco de la Estrella,* Madrid, José Collado, 1805.
240 × 340.

El Real Jardín Botánico, de Madrid, fue durante la Ilustración una de las instituciones de mayor importancia dentro del panorama mundial de la disciplina, tanto en lo referente a sus medios como en lo tocante a la labor científica que allí se realizó. El aspecto más destacado de esta última fue promover y centralizar las grandes expediciones botánicas españolas de la época, encabezadas, en general, por naturalistas que habían estudiado en la escuela que funcionaba en el Jardín. Las más importantes fueron las de Nueva Granada (1762-1808) dirigida por José Celestino Mutis, la de Nueva España (1787-1802) encabezada por Martín Sessé, y la enviada a "los Reynos de Perú y Chile". Esta última se organizó en 1777 bajo la dirección del burgalés Hipólito Ruiz López (1752-1816) y el extremeño José Pavón Jiménez (1754-1840). Durante diez años recogió una enorme cantidad de material que, entre otras cosas, significó para la botánica descriptiva la incorporación de 141 géneros nuevos y de medio millar de especies hasta entonces desconocidas. Fueron dadas a conocer por Ruiz y Pavón en su *Flora peruviana, et chilensis,* de la que aparecieron los cuatro primeros tomos (1794-1802), quedando entonces interrumpida la edición de la obra, aunque los materiales que se conservan en el Jardín Botánico, de Madrid, comprenderían unos doce. También comunicaron sus hallazgos en varias publicaciones monográficas, entre las que se encuentra la dedicada por Ruiz al "bejuco de la estrella" *(Aristolochia fragrantissima),* descubierta por Ruiz en Pozuzo, localidad de los Andes peruanos. La lámina que reproducimos, dibujada por Isidro Gálvez, uno de los artistas de la expedición, y grabada por José María de la Vega, corresponde al volumen noveno, inédito, de la *Flora peruviana et chilensis.*

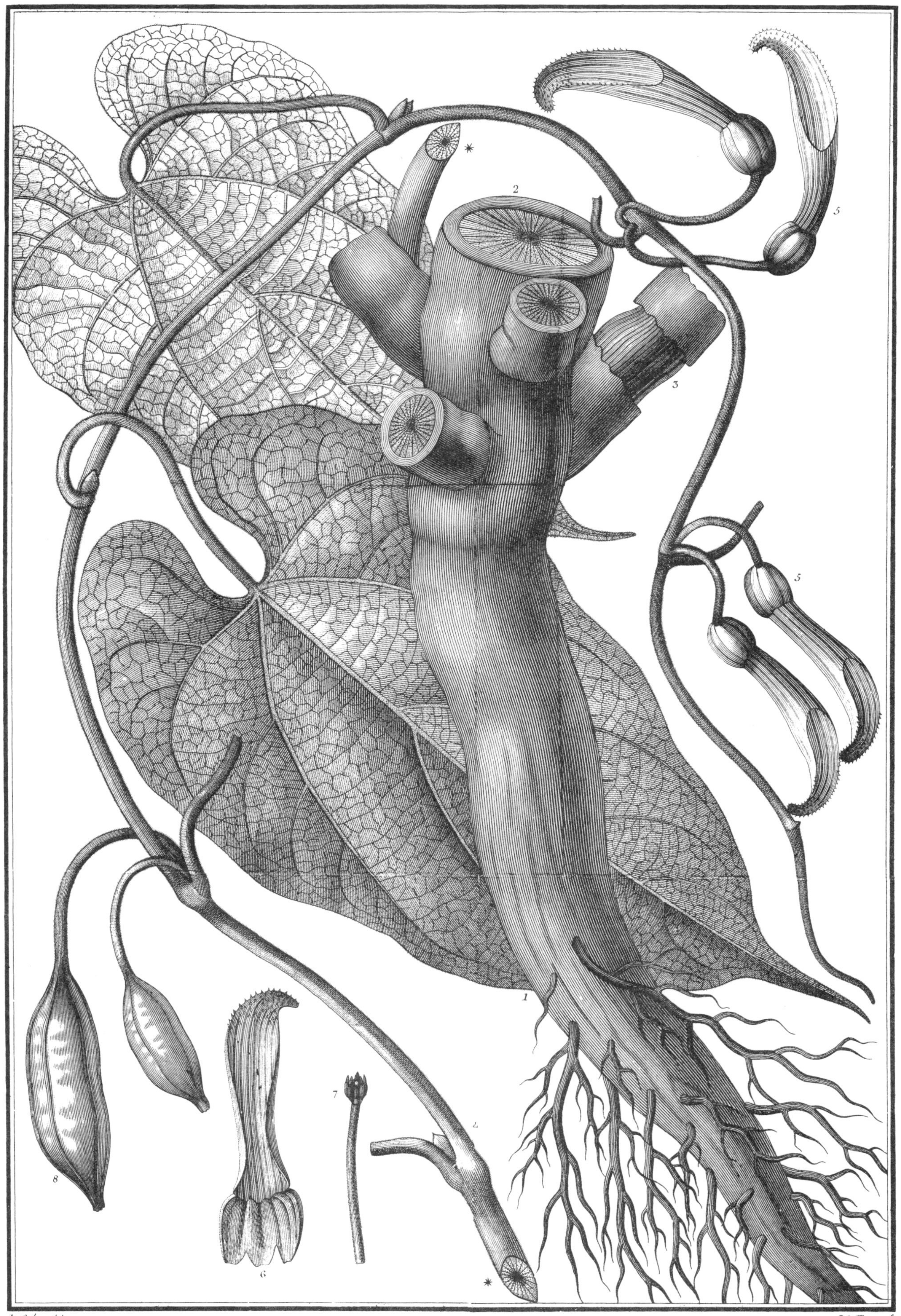

Is. Galvez del. *J. M. Vega inc.t*

ARISTOLOCHIA *fragrantissima.*

LÁMINA XXXIV

JUAN BAUTISTA BRU DE RAMÓN, dib. por MIGUEL CROS: "Golondrino".

Lámina grabada para ilustrar la *Colección de producciones de los mares de España* (1796), de ANTONIO SÁÑEZ REGUART.
307 × 200.

Antonio Sáñez Reguart († 1796), Comisario de Guerra de Marina y director de la Real Compañía Marítima, realizó a lo largo de muchos años una amplia investigación de "los peces y producciones marinas de España", contando con la colaboración de Miguel Cros, que se encargó de dibujar del natural más de medio millar de especies. En 1784, una real orden dispuso la publicación de los materiales y se encomendó a Juan Bautista Bru la confección de los correspondientes grabados. Sin embargo, la obra no llegó a completarse, principalmente porque Sáñez se consagró hasta su muerte a su gran *Diccionario histórico de las artes de la pesca nacional* (1791-1795).

Aparte de los manuscritos, quedaron las láminas que Bru había empezado a grabar, de las cuales se conservan ciento treinta y tres en la Biblioteca del Palacio Real, de Madrid, y series más cortas en otras instituciones. Reproducimos un ejemplar iluminado a mano por el propio Bru que corresponde al "golondrino" (*Trigla hirundo* Bl.).

Golondrino.

Bru.

LÁMINA XXXV

¿FERNANDO BRAMBILA?: "El fondeadero de las Corbetas Descubierta y Atrevida en las Yslas de Vavao visto desde el Observatorio".

Aguatinta procedente de los fondos de la Expedición Malaspina, 1789-1794.
512 × 311.

La última gran expedición científica española del siglo XVIII fue el viaje de la *Descubierta* y la *Atrevida,* dos corbetas construidas con este fin y muy bien provistas con laboratorios e instrumentos científicos de todo tipo. Mandaba la expedición Alejandro Malaspina (1754-1809) y contaba con un equipo de naturalistas dirigido por Antonio Pineda, otro de cartógrafos y astrónomos, del que formaban parte figuras como Dionisio Alcalá Galiano y Felipe Bauzá, y varios dibujantes. Desde 1789 a 1795 recorrió la costa oriental de Sudamérica, las islas Malvinas, la costa occidental americana desde el cabo de Hornos hasta Alaska, y una extensa zona del Océano Pacífico comprendida entre Nueva Zelanda y las islas Filipinas y Marianas. Los expedicionarios realizaron mediciones y cálculos astronómicos, levantaron cartas geográficas e hicieron observaciones geológicas, botánicas y zoológicas, así como estudios etnográficos y lingüísticos. El material recogido se encuentra entre los más ricos de las expediciones científicas de la Ilustración. El grabado que reproducimos, obra seguramente de Fernando Brambila, uno de los artistas que participaron en el viaje, corresponde a la estancia en las islas Vavau, pertenecientes al archipiélago polinesio de Tonga.

El fondeadero de las Corbetas Descubierta y Atrevida en las Yslas de Vavao visto desde el Observatorio.

LÁMINA XXXVI

MATÍAS DE IRALA YUSO: "Clase de disección en el Amphiteatro Matritense".

MARTÍN MARTÍNEZ, *Anatomía completa del hombre...*, Madrid, Bernardo Peralta, 1728.
130 × 190.

El madrileño Martín Martínez (1684-1734) fue una de las figuras más destacadas del movimiento renovador de la medicina española durante las primeras décadas del siglo XVIII. Su orientación corresponde a la llamada "medicina escéptica", basada en el eclecticismo y el "empirismo racional", es decir, la observación clínica asociada a disciplinas fundamentales, principalmente la anatomía y la fisiología experimental. Aparte de su obra propiamente médica, a la que después aludiremos (lámina XXXVIII), Martínez publicó un tratado de anatomía humana (1728), carente de originalidad pero que contribuyó con nueve ediciones a difundir las novedades morfológicas y también las fisiológicas. Incluye veintitrés láminas anatómicas, en su mayoría firmadas por Matías de Irala Yuso, que están basadas en ilustraciones extranjeras. Más interesante es la que figura como anteportada, asimismo obra de Irala, que representa una disección en el anfiteatro anatómico del Hospital General, de Madrid. El propio Felipe V asistió en algunas ocasiones a las demostraciones anatómicas y experimentos fisiológicos que en él realizaban Martín Martínez y su maestro Florencio Kelli.

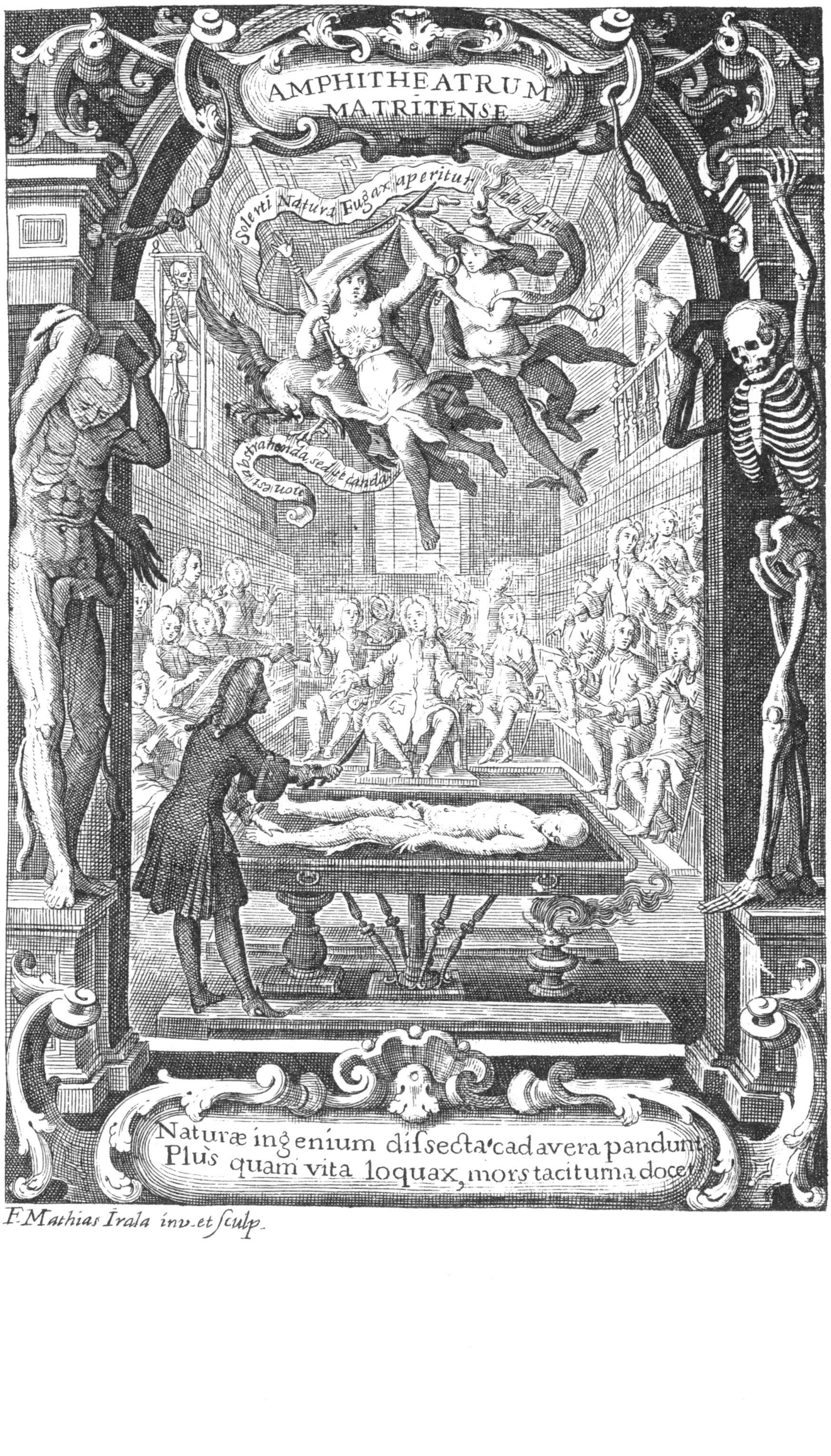

F. Mathias Irala inv. et sculp.

Lámina XXXVII

Juan Barcelón Abellán, dib. por Isidro de Isaura: “Huesos de la cabeza”.

Ignacio Lacaba e Isidro de Isaura, *Prontuario Anatómico Teórico-Práctico del Cuerpo Humano. Primera parte. De los huesos del esqueleto de un adulto,* Madrid, Imprenta Real, 1799.
292 × 435.

Un aspecto de gran relieve de la medicina española de la Ilustración fue la fundación de los Colegios de Cirugía, de Cádiz (1748), Barcelona (1764) y Madrid (1787), que significaron la conversión del cirujano en un profesional de categoría equiparable a la del médico, al mismo tiempo que una profunda renovación de la técnica y los saberes quirúrgicos. En estas instituciones se cultivó con gran altura las ciencias médicas básicas, en especial la anatomía. El mejor texto morfológico procedente de las mismas fue el tratado en cinco volúmenes (1796-1800) que el catalán Ignacio Lacaba (1745-1814) publicó en colaboración con Jaime Bonells. El propio Lacaba editó asimismo un espléndido atlas osteológico (1799), con dibujos del natural de Isidro de Isaura calcografiados por Juan Barcelón Abellán, el conocido grabador murciano discípulo de Salcillo y Palomino. Se trata de la principal aportación española al grabado anatómico después de la realizada por Crisóstomo Martínez (láminas XVIII y XIX).

LII.

F. I.

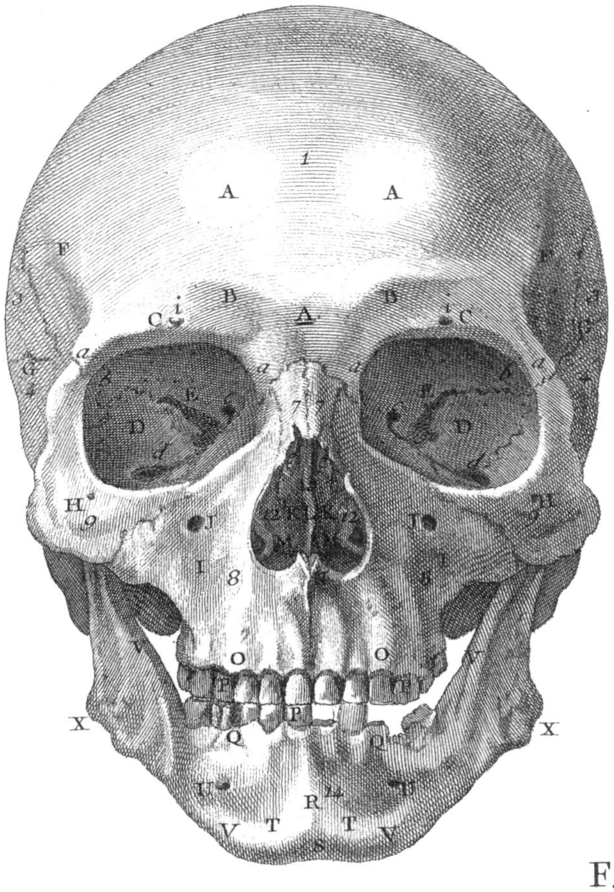

F. II.

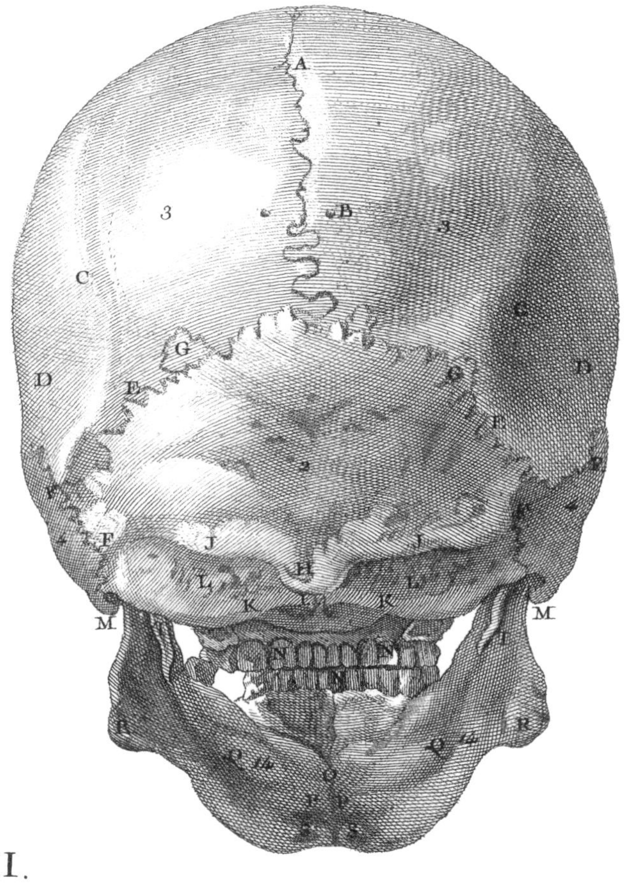

F. III.

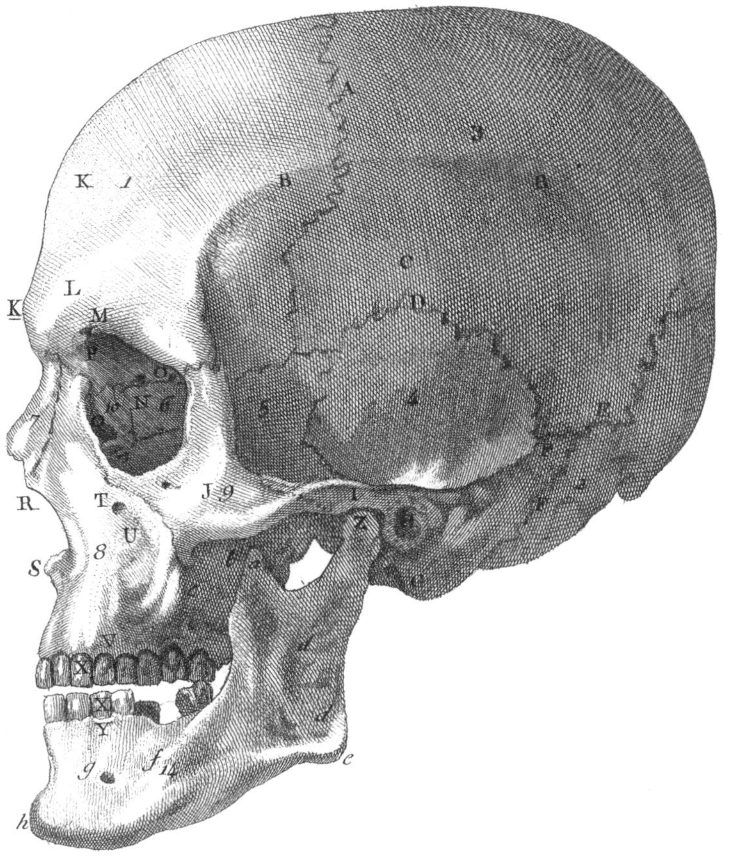

J. Isaura del. J. Barcelon incidit.

LÁMINA XXXVIII

[Izquierda] MATÍAS DE IRALA YUSO: Caso de "cor protrussum".

MARTÍN MARTÍNEZ, *Observatio rara de corde in monstroso infantulo...*, Matriti, s.i., 1728.
103 × 165.

[Derecha] JUAN MORENO DÍEZ: Lesiones cutáneas del cuello, las manos y los pies, propias de la pelagra.

GASPAR CASAL, *Historia Natural y Médica del Principado de Asturias...*, Madrid, Manuel Martín, 1762.
90 × 160.

Además de su tratado anatómico, que antes hemos considerado (lámina XXXVI), Martín Martínez publicó varias obras propiamente médicas. Su trabajo más difundido en la Europa de la época fue el estudio clínico y la autopsia de un caso de "cor protrussum" (1728), cuya rigurosidad refleja el progreso alcanzado por la investigación de las alteraciones teratológicas, que tradicionalmente habían sido mero objeto de la curiosidad más superficial. Este texto, que fue reeditado por el célebre Albrecht Haller en sus *Disputationes anatomicae selecta* (1747), va acompañado por una lámina grabada por Matías Irala, también responsable, como hemos dicho, de las ilustraciones del tratado anatómico de Martínez.

El catalán Gaspar Casal (1680-1759), que residió la mayor parte de su vida en Oviedo, fue autor de la primera descripción nosográfica del "mal de la rosa" o pelagra, iniciando con ello el estudio de las enfermedades carenciales, al mismo tiempo que ofrecía un ejemplo modélico del método moderno de tipificación de las observaciones clínicas. Es una de las principales aportaciones españolas a la medicina universal y también una de las que han obtenido un reconocimiento más generalizado. Aunque empezó a difundirse internacionalmente a partir de 1751, su exposición no se imprimió hasta 1762, tres años después de la muerte de Casal, en el volumen que recogió su producción científica con el título de *Historia Natural y Médica del Principado de Asturias*. Este volumen es considerado, por otra parte, como un título clásico del estudio ambientalista de las enfermedades de acuerdo con la tradición hipocrática. La descripción de la pelagra va acompañada de una lámina, grabada por Juan Moreno Díez, que representa las lesiones cutáneas del cuello, las manos y los pies características de la afección.

Estampa X.

OBSERVATIO SPECIALIS DE CORDE
A. COR PROTRUSSUM
B. Aorta Pectus Ingrediens
C. linea sterni fissuram indicans
Irala del. & Sculp.

A.A. fasciolam designant.
B. Appendicem fasciolæ demonstrat.
C.C. Metacarporum Crustas.
D.D. Metatarsorum Crustas.
Moreno sc.

Lámina XXXIX

Diego San Román Codina: "Árbol genealógico que representa los progresos que ha hecho la lepra en la Villa de Lebrija".

Bonifacio Ximénez y Lorite, "Instrucción médico-legal sobre la lepra, para servir a los Reales Hospitales de San Lázaro", *Memorias Académicas de la Real Sociedad de Medicina y Demás Ciencias de Sevilla, 1,* 173-345 (1766).
195 × 275.

La primera institución científica española plenamente moderna fue la Regia Sociedad de Medicina y otras Ciencias, de Sevilla. Fundada en 1697, sobre la base de una "academia" anterior de seguidores del movimiento *novator,* recibió el reconocimiento regio en 1700 y desarrolló a lo largo del siglo xviii una importante actividad en el terreno de las ciencias médicas y de los saberes con ellas relacionados, principalmente la botánica y la química. Entre otras publicaciones, la academia sevillana editó la primera revista científica española, aparecida originalmente con el título de *Disertaciones* (1736) y continuada a partir de 1766 con el de *Memorias Académicas.* De entre las láminas que incluyen sus volúmenes hemos seleccionado la correspondiente a una investigación sobre la posible transmisión hereditaria de la lepra, realizada por Bonifacio Ximénez y Lorite († 1797), médico nacido en Écija y una de las principales figuras de la institución durante la segunda mitad del siglo xviii. Es obra del grabador sevillano Diego San Román Codina, generalmente recordado por su amplia producción como estampero religioso.

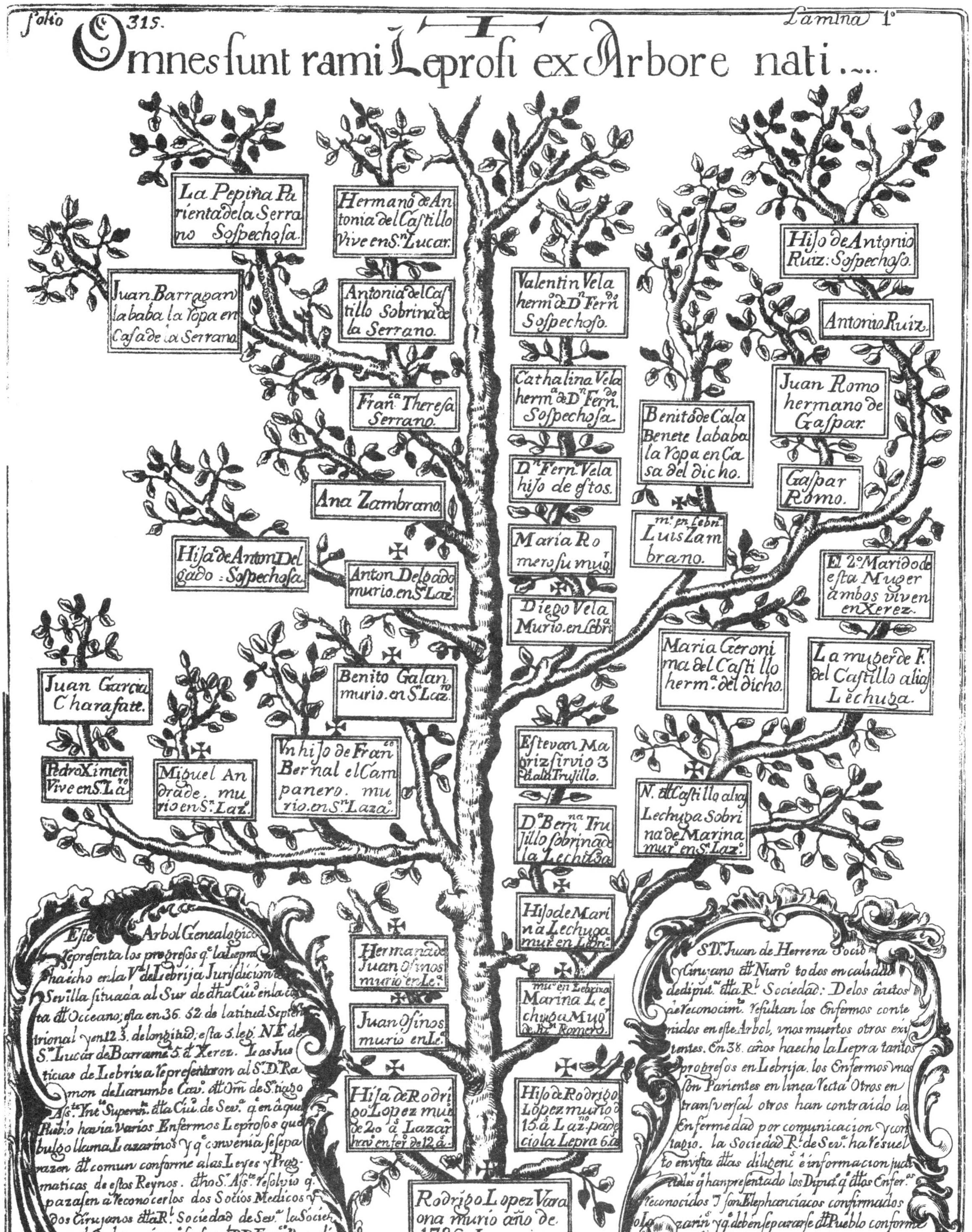
folio 315.
Lamina 1ª
I
Omnes sunt rami Leprosi ex Arbore nati.....
La Pepiña Parienta de la Serrano Sospechosa.
Hermano de Antonia del Castillo Vive en Sn. Lucar.
Juan Barrapan lababa la ropa en Casa de la Serrano
Antonia del Castillo Sobrina de la Serrano.
Valentin Vela hermº de Dn. Fern.do Sospechoso.
Hijo de Antonio Ruiz: Sospechoso.
Antonio Ruiz.
Franca. Theresa Serrano.
Cathalina Vela hermª de Dn. Fern.do Sospechosa.
Juan Romo hermano de Gaspar.
Benito de Cala Benete lababa la ropa en Casa del dicho.
Dn. Fern. Vela hijo de estos.
Gaspar Romo.
Ana Zambrano
mº en Lebri. Luis Zambrano.
Maria Romero su mugr.
Hija de Anton Delgado: Sospechosa.
Anton Delgado murio en Sn. Laz.
El 2º Marido de esta Muger ambos viven en Xerez.
Diego Vela Murio en Lebri.
Maria Geronima del Castillo hermª del dicho.
La muger de F. del Castillo alias Lechuga.
Juan Garcia Charafate.
Benito Galan murio en Sn. Lazro.
Estevan Mariz sirvio 3 añ. a la Trujillo.
Pedro Ximen. Vive en S. Lázº
Miguel Andrade murio en Sn. Laz.
Vn hijo de Franco. Bernal el Campanero murio en Sn. Lazaº
N. del Castillo alias Lechuga Sobrina de Marina murº en Sn. Lazº
Dª Bern.na Trujillo sobrina de la Lechuga
Hijo de Marina Lechuga murº en Lebri.
Hermana de Juan Osinos murio en Le.
mu.er en Lebrixa Marina Lechuga Mugr. de Bz. Romero
Juan Osinos murio en Le.
Hija de Rodrigo Lopez murio de 20 a. Lazar. havi. enfer. de 12 a.
Hijo de Rodrigo Lopez murio de 15 a. Laz.no padecio la Lepra 6 a.
Rodrigo Lopez Varona murio año de 1726 Lazarino. Fue el 1º en Lebrixa
Este Arbol Genealogico representa los progresos q.e la Lepra ha echo en la Vª de Lebrija Jurisdicion de Sevilla situada al Sur de dha Ciud. en la costa del Occeano; esta en 36. 52 de latitud Septentrional y en 12 3. de longitud; esta 5 leg. NE de Sn. Lucar de Barrame. 5 de Xerez. Las Justicias de Lebrixa representaron al S.r D.n Ramon de Larumbe Cav.º del Orn de Sn. tiago Ass.te Ynte. Superin.te de la Ciu. de Sev.ª q. en aquel Pueblo havia Varios Enfermos Leprosos que bulgo llama Lazarinos y q.e convenia se separazen del comun conforme a las Leyes y Pragmaticas de estos Reynos. dho S.r Ass.te resolvio q. pazasen a reconocerlos dos Socios Medicos y dos Cirujanos de la R.l Sociedad de Sev.ª la Sociedad determino q. fuesen el D.D. Fran.co Buendia y Ponce Pres.º Socio Medico del Num.º y actual Vice Presid.te de la Sociedad con el D.D. Bonifacio Juan Ximenez de Lorite Socio Medico del Num.º y Secret.º 1.º y el S.D.n Gregorio de Arias con el
S.D.n Juan de Herrera Socio y Cirujano del Num.º todos en calidad de diput.os de la R.l Sociedad: De los autos de reconocim.to resultan los Enfermos contenidos en este Arbol, vnos muertos otros existentes. En 38. años ha echo la Lepra tantos progresos en Lebrija. los Enfermos vnos son Parientes en linea recta Otros en transversal otros han contraido la Enfermedad por comunicacion y contagio. la Sociedad R.l de Sev.ª ha resuelto en vista de las diligen.s e informacion judiciales q. han presentado los Diput.s q. de los Enfer.os reconocidos 7 son Elephanciacos confirmados o Lazarin.s y q. deben separarse del Pueblo conforme a las Leyes de España. 7 son incipientes q. deven curarse conforme a la Ynstrucion q.e tiene dada. Los demas solo son sospechosos o imminentes. To do lo qual consta del dictamen presentado al S.r As.te
Sn. Roman y sculp Sev.ª

LÁMINA XL

[Arriba] "Diseño del aparato y operación de cirugía infusoria".

ANTONIO JOSÉ RODRÍGUEZ, *Disertación Phísico-Mathemático-médica sobre el problema de la respiración y modo de introducir los medicamentos en las venas...*, Madrid, Manuel Martín, 1760.
125 × 150.

[Abajo] "Ilustración de la transfusión de sangre de un animal a otro".

DOMINGO ROYO, *Llave de Albeyteria...*, Zaragoza, Francisco Revilla y José Fort, 1734.
270 × 170.

La administración intravenosa de medicamentos y la transfusión de sangre fueron técnicas que se desarrollaron a partir del último tercio del siglo XVII, directamente basadas en la doctrina de la circulación sanguínea. En España, el principal introductor de ambas fue el catalán Joan d'Alós, que les dedicó una amplia exposición en su tratado *De corde* (1694). A pesar de importantes limitaciones prácticas, que sólo serían resueltas por la investigación experimental contemporánea, continuaron interesando a lo largo del siglo XVIII, como lo testimonian los dos grabados que reproducimos. El primero de ellos procede de una de las obras del cisterciense madrileño Antonio José Rodríguez (1703-1777), divulgador de los saberes médicos desde una postura renovadora. El segundo, del tratado del albéitar zaragozano Domingo Royo, asimismo defensor de las corrientes modernas en su disciplina.

Diseño del aparato, y Operación de Cirugia Infusoria.

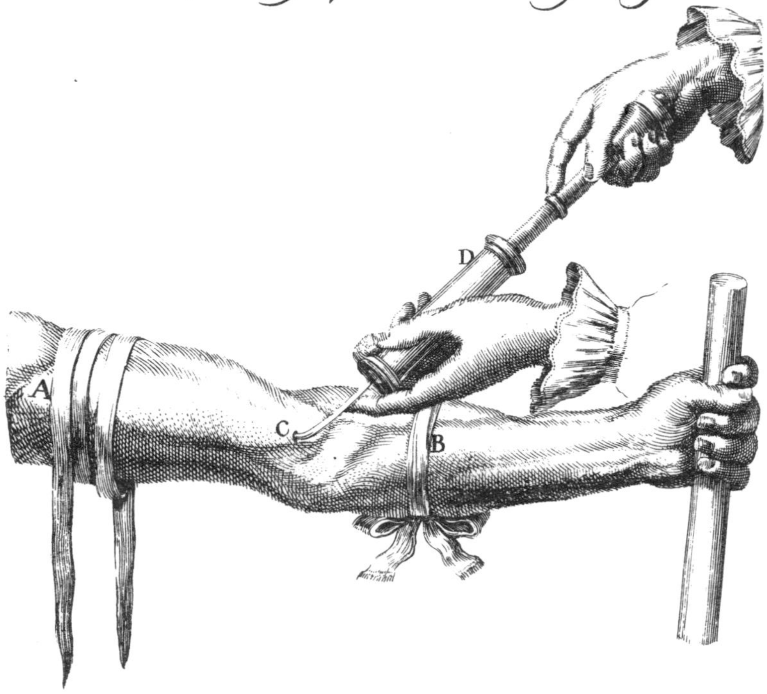

A. *Ligadura en la parte alta del brazo.*
B. *Ligadura en la parte baſa.*
C. *Lugar de la Cisura para introducir el medicamento.*
D. *Geringuilla con que se introduce.*

LÁMINA XLI

JUAN BARCELÓN ABELLÁN: Investigaciones experimentales, en el cadáver, de las lesiones traumáticas de la rótula.

LEONARDO GALLI, *Nuevas indagaciones acerca de la rotura de la rótula y de las enfermedades que con ella tienen relación...*, Madrid, Imprenta Real, 1795.
210 × 270.

Como antes hemos dicho (lámina XXXVII), la fundación de los Colegios de Cirugía, de Cádiz, Barcelona y Madrid significó una profunda renovación de la técnica y los saberes quirúrgicos. Ello explica que un profesional formado en su ambiente, como era el catalán Leonardo Galli (1751-1830), fuera un adelantado de la investigación experimental en cirugía. En sus *Nuevas indagaciones,* expuso el resultado de sus experiencias para aclarar el mecanismo de las "roturas de la rótula" y de otras fracturas, así como diversas cuestiones patológicas y terapéuticas con ellas relacionadas. El libro incluye seis grandes láminas, tres de las cuales fueron grabadas por José Gómez Navia y las otras tres, por Juan Barcelón Abellán.

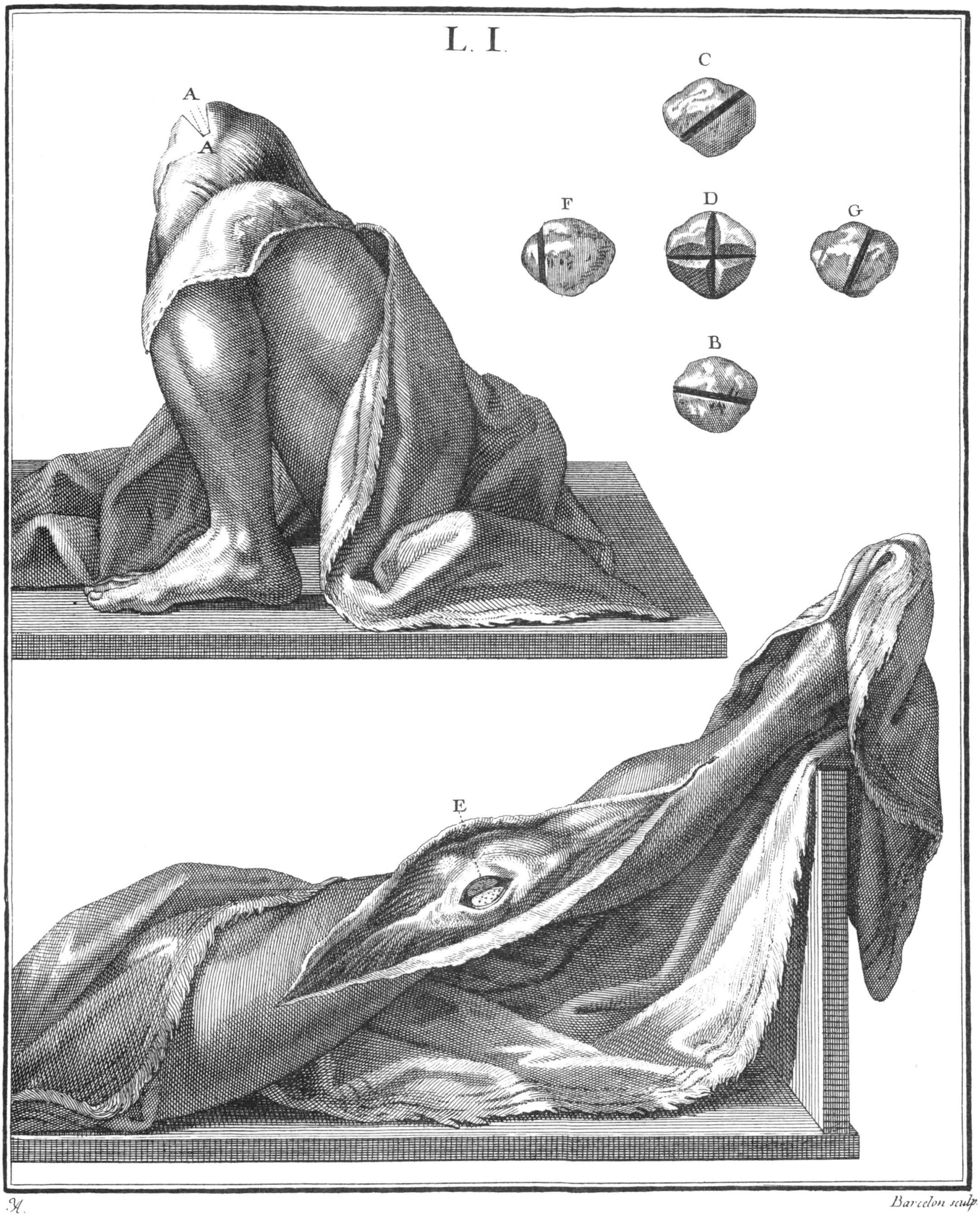

H.

Barcelon sculp.

Lámina XLII

Juan Ximeno Carrera: "Progresión de los granos de la vacuna desde el día 4.º hasta el 15.º en su tamaño y color natural".

Jacques-Louis Moreau de la Sarthe, *Tratado histórico y práctico vacuna...* Traducido por Francisco Xavier de Balmis..., Madrid, Imprenta Real, 1803.
243 × 180.

La vacunación antivariólica, tempranamente introducida en España, motivó la célebre "Real Expedición Marítima de la Vacuna". Bajo la dirección del alicantino Francisco Javier Balmis (1753-1819), dicha expedición dio la vuelta al mundo entre 1803 y 1806, propagando la vacunación en extensos territorios de América y también en algunas zonas de Asia. Esta gran empresa, cantada por Quintana en un conocido poema, es generalmente considerada como uno de los hitos iniciales de la moderna medicina preventiva. Poco antes de iniciarse el viaje apareció la traducción castellana del tratado de Jacques-Louis Moreau de la Sarthe, publicada con un amplio estudio introductorio del propio Balmis, que refleja sus sólidos conocimientos y su amplia experiencia práctica sobre la materia. El libro está ilustrado por dos láminas grabadas por el artista, también valenciano, Juan Ximeno Carrera: un retrato de Jenner y la que aquí reproducimos.

Progresion de los granos de la Vacuna
Desde el dia 4.º hasta el 15. en su tamaño y color natural.

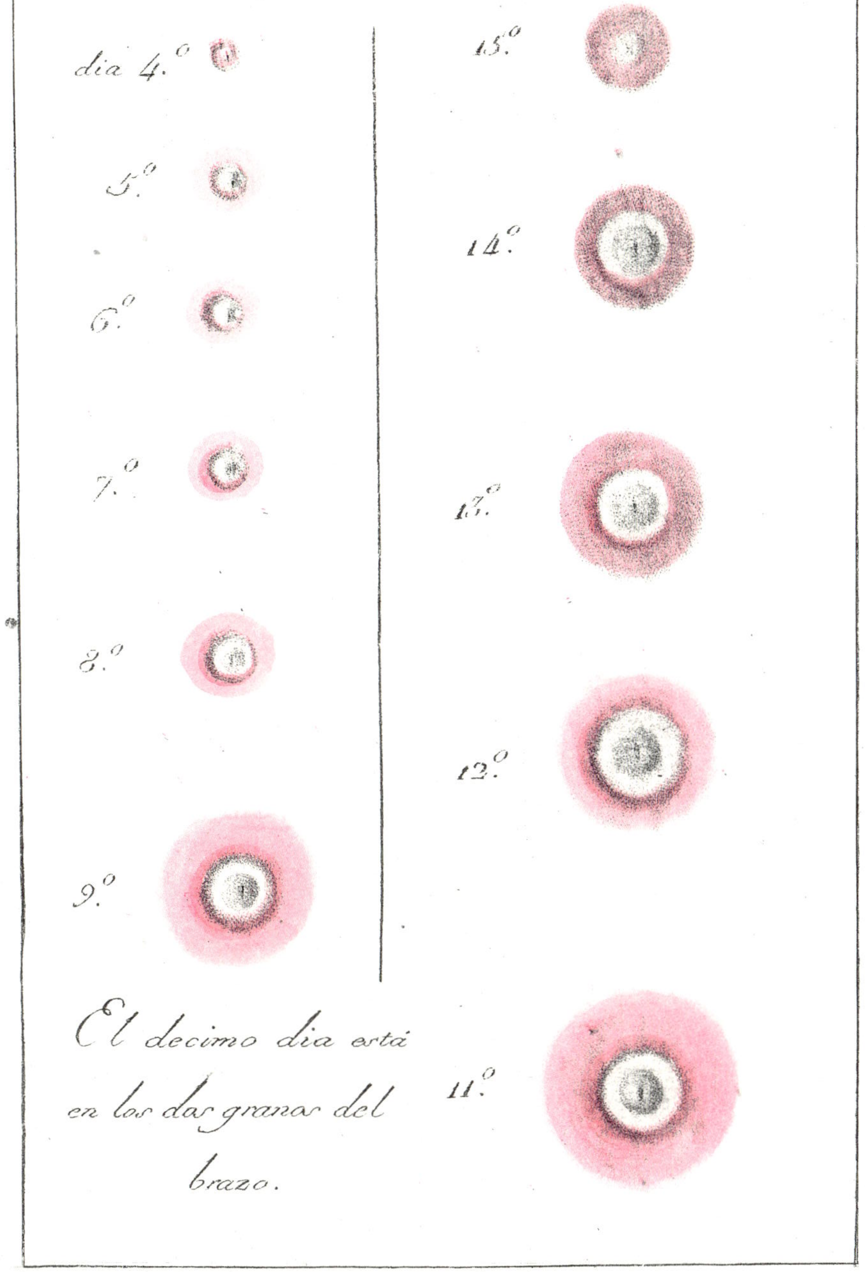

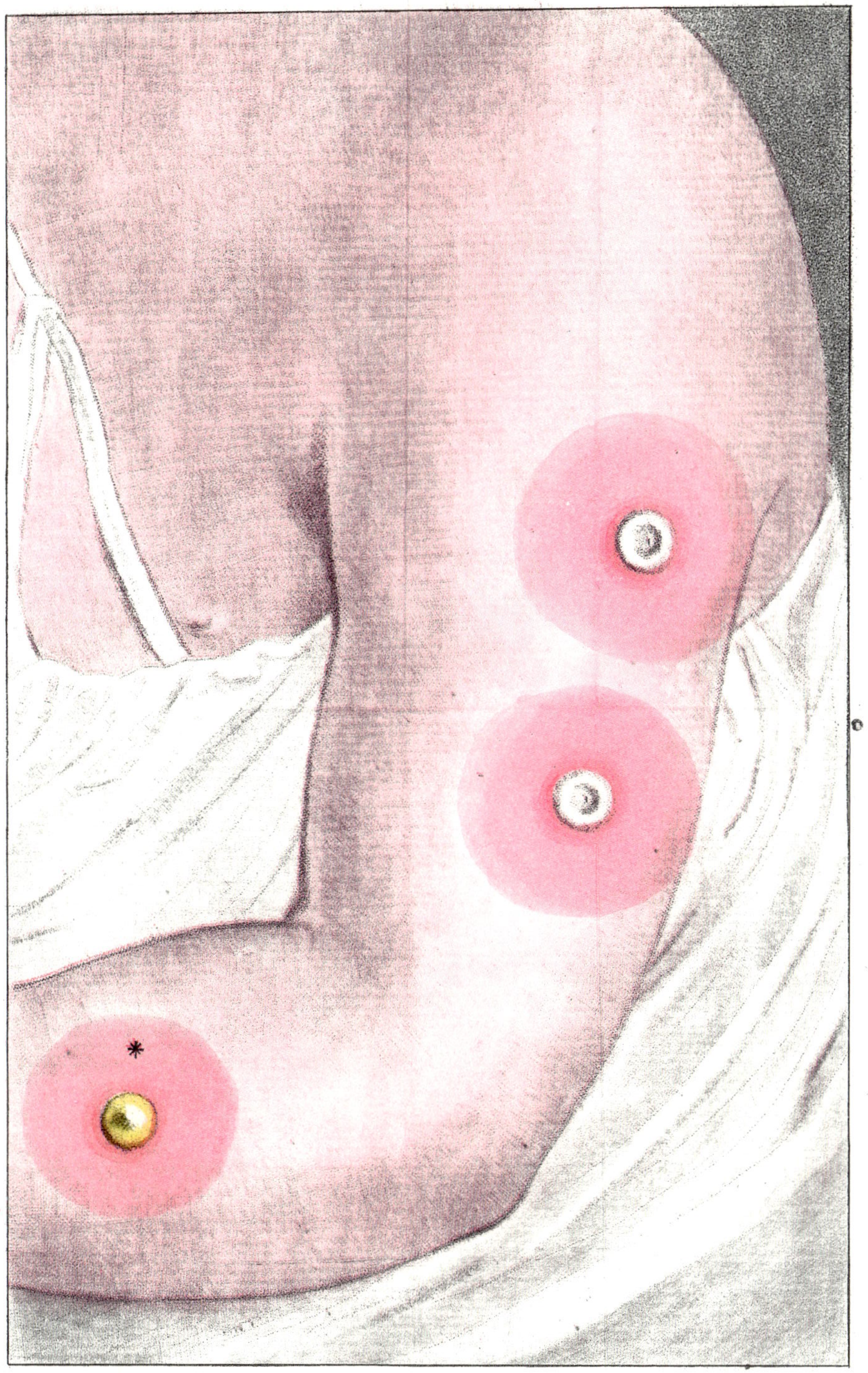

LÁMINA XLIII

[Izquierda] MANUEL LÁZARO BURGOS, dib. por JOSÉ MARÍA REY HEREDIA: Construcción de las raíces séptimas.

JOSÉ MARÍA REY HEREDIA, *Teoría trascendental de las cantidades imaginarias,* Madrid, Imprenta Nacional, 1865.
115 × 197.

[Derecha] Representación geométrica de la función $u = z + \frac{1}{z}$

JULIO REY PASTOR, *Sobre la representación conforme,* Madrid, Eduardo Arias, 1911.
112 × 191.

El cordobés José María Rey Heredia (1818-1861), profesor de lógica en institutos de enseñanza media, primero en Ciudad Real y luego en Madrid, fue el más destacado cultivador de la lógica y las matemáticas de orientación kantiana en la España de mediados del siglo XIX. Cuatro años después de su temprana muerte se publicó su *Teoría trascendental de las cantidades imaginarias,* en la que ofreció una notable aportación al problema de los números imaginarios, partiendo de algunas indicaciones kantianas. Aparte de un espléndido retrato del autor calcografiado por Camilo Alabern Casas, el libro incluye más de un centenar de ilustraciones, todas ellas figuras geométricas dibujadas por el propio Rey Heredia y grabadas por Manuel Lázaro Burgos, xilógrafo cuya producción apareció principalmente en revistas y libros de tema literario.

El punto de partida de la obra del gran matemático riojano Julio Rey Pastor (1888-1962) fue una tesis doctoral sobre geometría algebraica (1910). El siguiente año presentó al Congreso de la Asociación Española para el Progreso de las Ciencias, celebrado en Granada, el trabajo *Sobre la representación conforme,* cuyo contenido desarrolló ampliamente en publicaciones posteriores. Además de cuatro figuras incluidas en el texto, el trabajo lleva una lámina anexa, que Rey Pastor presenta como comprobación de sus resultados.

La primera raíz, que es la real, está representada por el radio **O R** igual á la unidad.

Fig. 112

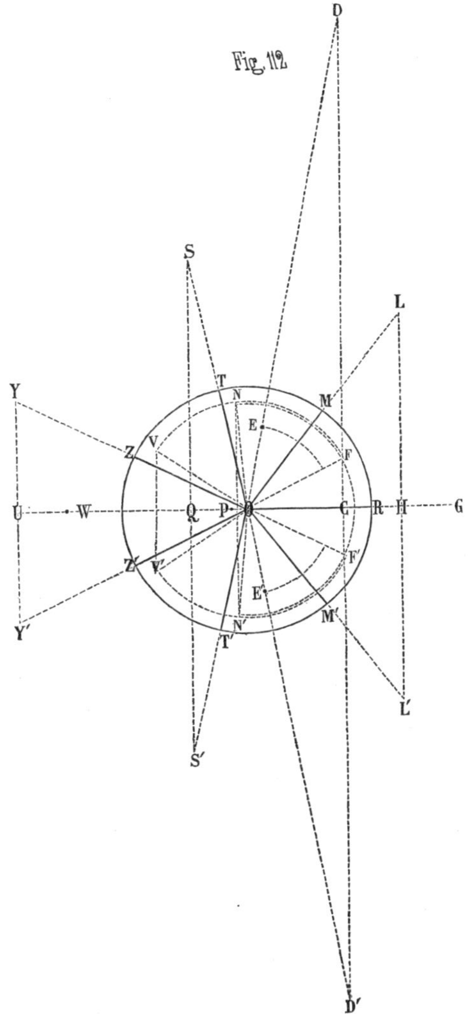

La segunda exige la construccion prévia de los dos radicales simétricos **A** y **B**, y es como sigue: tómese sobre el radio real **O R** la cantidad $\mathbf{OC = 0{,}78}$: levántese sobre **C** la perpendicular $\mathbf{CD = 4{,}04\sqrt{-1}}$: tírese la oblícua **O D**, que

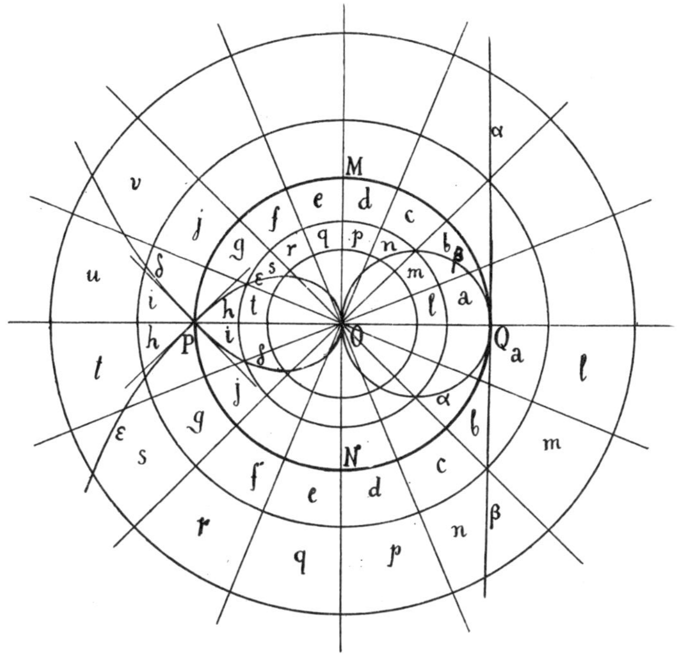

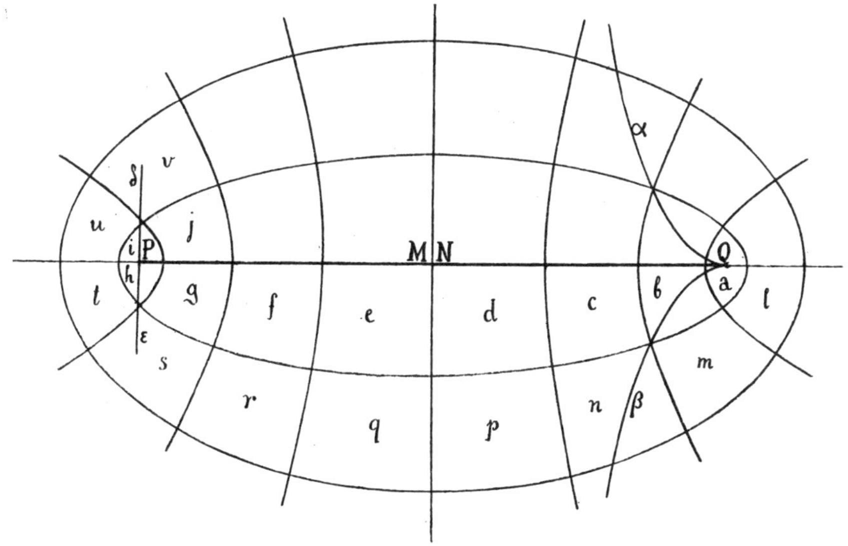

LÁMINA XLIV

MAGÍN PUJADAS: "Eclipse de Sol por la Tierra. Vista ideal desde la Luna".

AUGUSTO T. ARCIMIS, *El telescopio moderno. Edición española...*, 2 vols., Barcelona, Montaner y Simón, 1878-1879.
214 × 160.

En 1876 y 1879, la editorial barcelonesa Montaner y Simón, especializada en grandes obras, publicó la versión en castellano de un extenso tratado francés de divulgación astronómica, basado principalmente en los trabajos de vulgarización de Secchi, Proctor y Flammarion. De la adaptación se encargó el sevillano Augusto T. Arcimis y Worle, director del Instituto Central Meteorológico, de Madrid, y persona muy interesada por la divulgación científica. Además de los grabados procedentes del original francés, esta edición incluye una serie de excelentes cromolitografías de Magín Pujadas, artista barcelonés que realizó numerosos trabajos para Montaner y Simón.

ECLIPSE DE SOL POR LA TIERRA
vista ideal desde la Luna

Lámina XLV

Litografía de Julio Donon: "Aparato telegráfico de Morse".

Informe de la Real Academia de Ciencias sobre telegrafía eléctrica..., Madrid, por Aguado, 1856.
405 × 250.

Las primeras academias científicas españolas de carácter moderno están vinculadas con el movimiento *novator* de finales del siglo XVII y comienzos del XVIII. Las más tempranas fueron la Regia Sociedad de Medicina y otras Ciencias, de Sevilla –fundada, como hemos dicho (lámina XXXIX), en 1697– y la Real Academia de Ciencias y Artes, de Barcelona (1704). A lo largo del siglo XVIII hubo en Madrid varios intentos de crear asimismo una academia científica, ninguno de los cuales cristalizó, a pesar de que con este destino fue construido un magnífico edificio en el actual Paseo del Prado, que finalmente fue dedicado a museo de pinturas. Tras una fugaz y precaria Academia de Ciencias Naturales (1834-1843), se fundó por fin en Madrid la Real Academia de Ciencias Exactas, Físicas y Naturales (1847). Con todas sus limitaciones, la nueva institución contribuyó notablemente, durante las décadas centrales de la pasada centuria, a superar el colapso que entonces padecía la actividad científica española, en especial en el terreno de los saberes físico-matemáticos.

Una de las memorias publicadas por la Academia en dicha época estuvo dedicada a la telegrafía eléctrica, de la que había sido un importante adelantado seis décadas antes el catalán Francisco Salvá y Campillo (1751-1828). Formaron parte de la comisión que se encargó del informe dos destacados académicos fundadores: el vizcaíno Vicente Santiago Masarnau (1803-1879) y el santanderino Manuel Rioz y Pedraja (1815-1887). La memoria incluye cinco grandes láminas litográficas, tres de ellas realizadas en el establecimiento de Julio Donon, uno de los principales de su clase en el Madrid de estos años, generalmente recordado por sus retratos e ilustraciones de textos históricos y literarios.

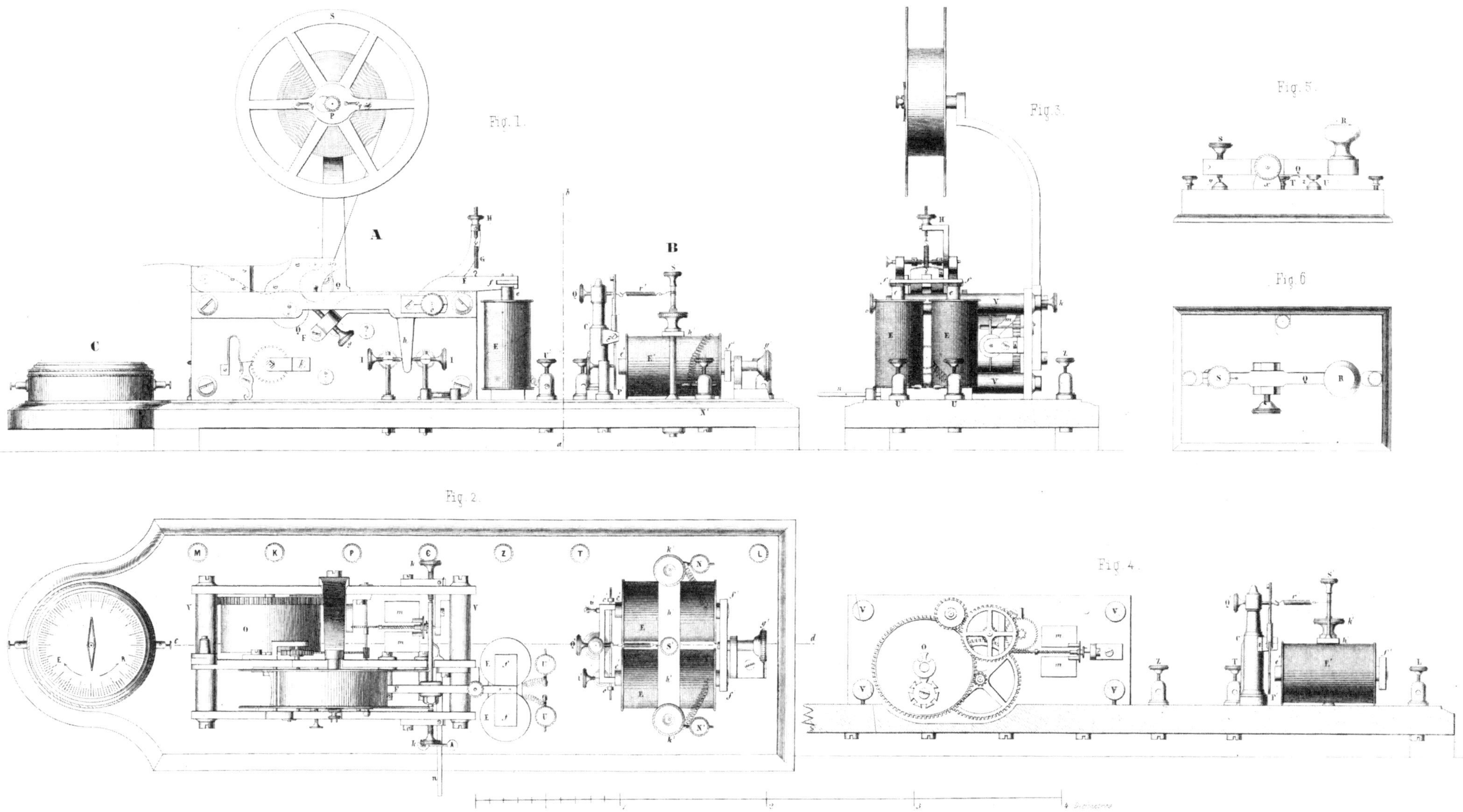

Lit. de J. Donon, Arsenal 17.

LÁMINA XLVI

JOSÉ SEVERINI, dib. por EUSEBIO ZARZA: "Disposición de una máquina de vapor locomotora".

EDUARDO RODRÍGUEZ, *Manual de Física general y aplicada a la agricultura y a la industria,* Madrid, Eusebio Aguado, 1858.
190 × 112.

Eduardo Rodríguez († 1881) es una de las escasas personalidades destacadas dentro del deprimido panorama que presentaba el cultivo de las ciencias físicas en la España de los años centrales del siglo XIX. Formado como ingeniero industrial en la École Centrale, de París, ocupó, entre otros cargos docentes, el de profesor de física del Real Instituto Industrial, de Madrid. En sus artículos se ocupó preferentemente de problemas de física aplicada relacionados con las máquinas de vapor. Su *Manual de Física* fue premiado por la Real Academia de Ciencias en el concurso público convocado en 1854. A diferencia de la mayoría de los textos didácticos de la disciplina publicados en la España de la época –que tienen ilustraciones muy deficientes o se limitan a reproducir las de obras extranjeras–, incluye más de medio millar de excelentes grabados, varios de ellos firmados por conocidos artistas. Uno de los mejores es el dedicado a la "disposición de una máquina de vapor locomotora", del madrileño José Severini, xilógrafo generalmente recordado por sus ilustraciones de la obra *El Arte en España* (1862-66). El dibujo es de Eusebio Zarza, otro madrileño, autor de una extensa producción como pintor y dibujante y también como grabador.

LÁMINA XLVII

JUAN DE GANGOITI, dib. por FEDERICO DE BOTELLA Y DE HORNOS: "Sierra de Cartagena. Copelación".

FEDERICO DE BOTELLA Y DE HORNOS, *Descripción geológico-minera de las Provincias de Murcia y Albacete,* Madrid, Imprenta del Colegio Nacional de Sordomudos y Ciegos, 1868.
340 × 240.

El alicantino Federico de Botella y de Hornos (1822-1899), formado en la Escuela de Minas, de París, fue una de las más importantes personalidades científicas de la Comisión del Mapa Geológico de España (1871), en cuya planificación influyó de modo decisivo, además de realizar aportaciones basadas en sus propias observaciones de campo. Con anterioridad, su principal trabajo había sido el volumen titulado *Descripción geológico-minera de las Provincias de Murcia y Albacete* (1868), amplio estudio que se ocupa también con detalle de la agricultura de la zona y de su industria química relacionada con la minería. Se trata de un volumen excepcionalmente ilustrado, ya que tiene veintidós láminas de gran tamaño y cincuenta y seis grabados incluidos en el texto. La mayor parte de estos últimos son obras de Federico Ruiz y Bernardo Rico Ortega, artistas principalmente recordados por su colaboración en *El Museo Universal, La Ilustración Española y Americana* y otras revistas de la época. Tres de las láminas, correspondientes a cortes geológicos, fueron grabadas por Esteban Buxó, como más tarde veremos (lámina XLIX); otras dos, por Fernando Navarrete Fos; y el resto, por Juan de Gangoiti, conserje de la Real Academia de San Fernando, de Madrid, que se dedicó al grabado junto a su hermano Nicolás. Entre las realizadas por Gangoiti se encuentra la que reproducimos, que representa las instalaciones de copelación de una fábrica de la Sierra de Cartagena.

SIERRA DE CARTAGENA.

Copelacion.

Lám. XVII.

Horno de Copela.

Fig. 1. *Corte vertical segun* AB.

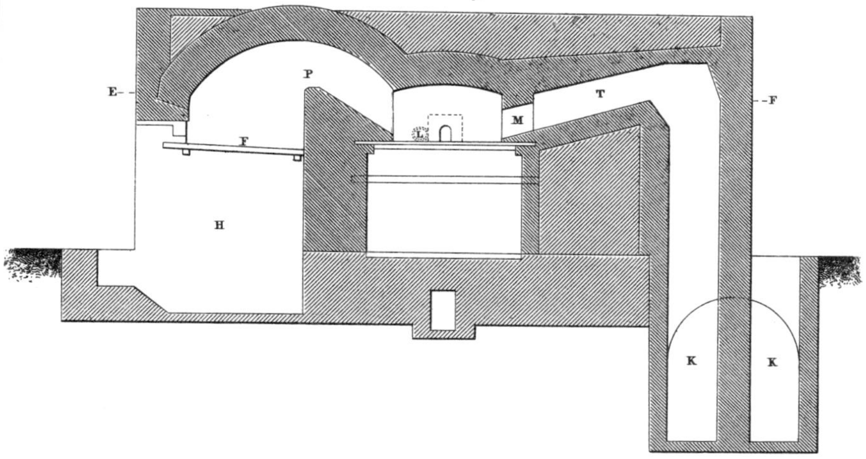

Fig. 3. *Corte vertical segun* CD.

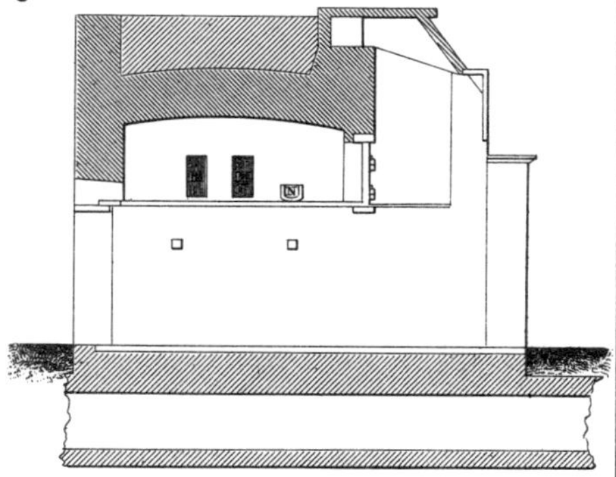

Fig. 2. *Corte horizontal segun* EF.

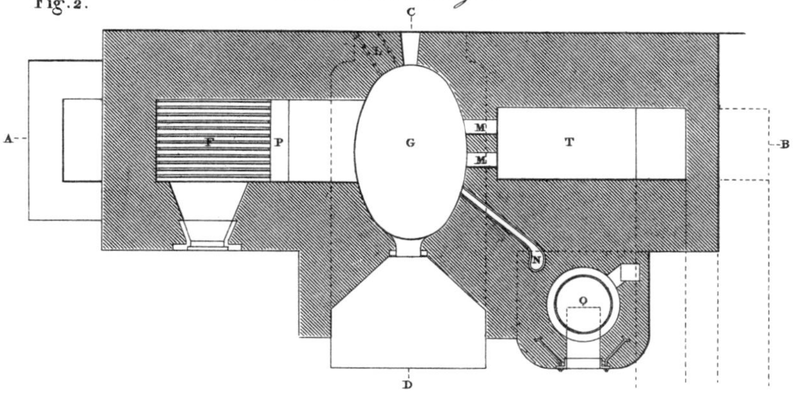

Copela ó Gabeta.

Plano

Fig. 4.

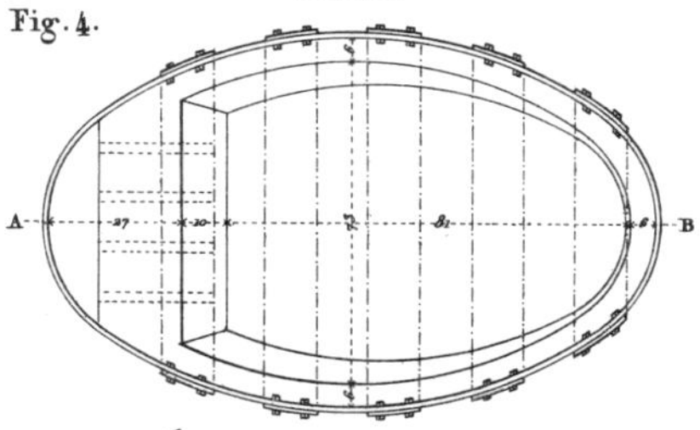

Fig. 5. *Corte vertical segun* AB.

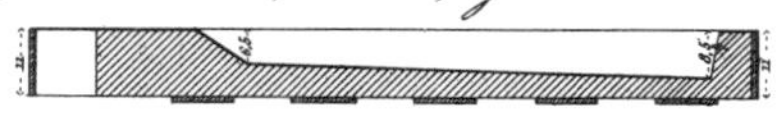

Plano general de una Fábrica de Desplatacion.

S.ta Lucia.

Fig. 6.

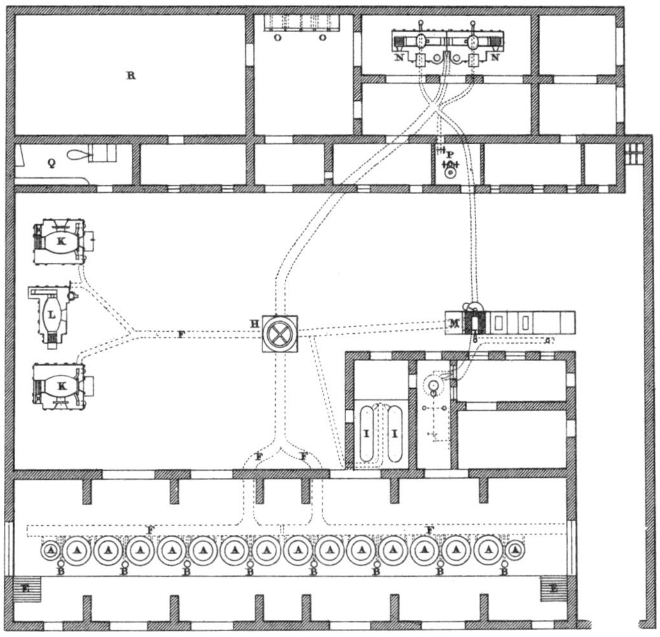

AAA... *Calderas de Pattinson.*
BBB... *Morteros de las Calderas.*
EE..... *Gradas para llegar al piso de las Calderas.*
FF..... *Conductos subterráneos que llevan los humos á la Chimenea central.*
H...... *Chimenea central.*
II...... *Máquina de vapor de la fuerza de 12 caballos.*
KK.... *Hornos de Refino.*

L...... *Horno de Reduccion.*
M...... *Horno de manga para la fusion de las escorias.*
NN.... *Hornos de Copelacion.*
O...... *Hornos para refinar la plata.*
P...... *Máquina de vapor de la fuerza de 2 caballos.*
Q...... *Fragua.*
R...... *Laboratorio.*

Escala de las fig.s 1, 2, 3 de 0m025 por metro.

Escala de las fig.s 4, 5 de 0m050 por met.

Escala de la fig. 6 de 0m002 por met.

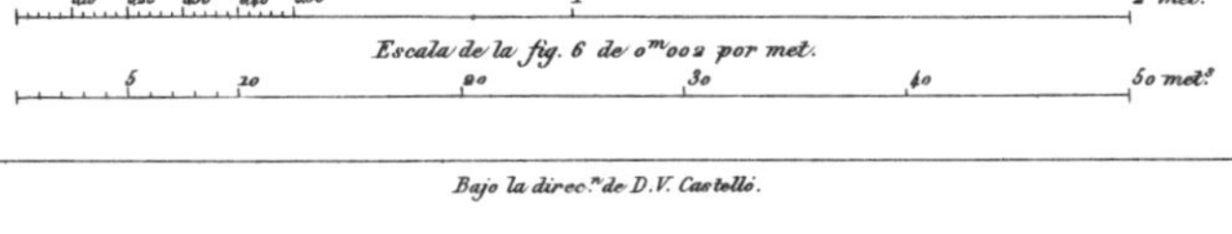

F. de Botella dib. | Bajo la direc.n de D.V. Castelló. | J. de Gangoiti grab.

Lámina XLVIII

[Arriba] Litografía A. Foruny: Espectros de absorción de la hemoglobina y de la hematina.

Juan Ramón Gómez Pamo, *Manual de análisis química aplicada a las ciencias médicas,* 4.ª ed., Madrid, Moya y Plaza, 1882.
165 × 112.

[Abajo, izquierda] Aparato de French, modificado por Piñerúa, para la determinación del peso atómico del sodio.

Eugenio Piñerúa Álvarez, *Principios de química mineral y orgánica,* Valladolid, Imprenta y Librería de Andrés Martín, 1898.
55 × 103.

[Abajo, derecha] Aparato de Schäfer para la coagulación fraccionada.

José Rodríguez Carracido, *Tratado de química biológica,* Madrid, Sucesores de Hernando, 1903.
110 × 86.

El abulense Juan Ramón Gómez Pamo (1846-1913), catedrático de la Facultad de Farmacia, de Madrid, publicó numerosos trabajos, en su mayor parte relacionados con el análisis químico de sustancias biológicas. Su *Manual* sobre el tema tuvo notable difusión, alcanzando cuatro ediciones entre 1870 y 1882. A partir de la primera incluyó en esta obra un capítulo acerca del análisis espectral, técnica de la que fue un temprano cultivador. Reproducimos una de las láminas que la ilustran, realizada en el establecimiento litográfico madrileño de Foruny.

El zamorano Eugenio Piñerúa Álvarez (1854-1937) realizó una importante aportación original a la química analítica, que difundió en las mejores revistas especializadas europeas y tuvo amplio reconocimiento internacional. Hemos seleccionado uno de los grabados de su *Principios de química* que, como la mayoría de los textos científicos de la época, son dibujos rudimentarios xilografiados a contrafibra.

Algo parecido puede decirse de las ilustraciones del *Tratado de química biológica,* del gallego José Rodríguez Carracido (1856-1928), entre cuyos múltiples servicios a la actividad científica en España destacan quizá los relativos a la introducción de la bioquímica como disciplina autónoma.

GOMEZ PAMO Análisis química L. 2.

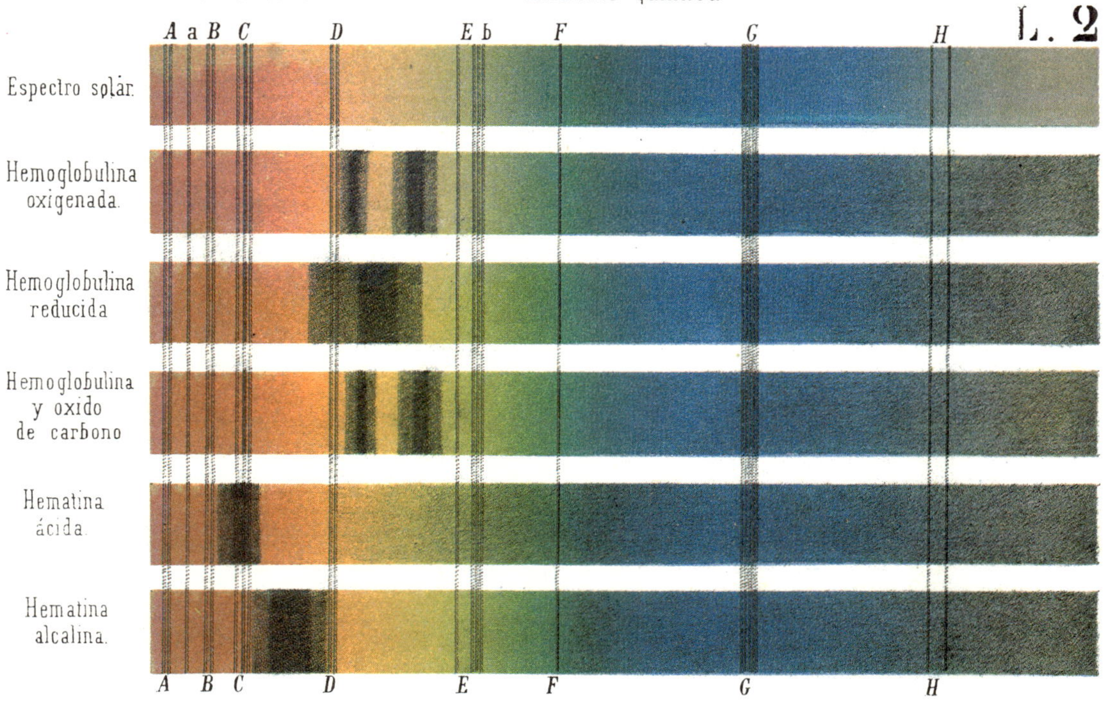

Moya y Plaza, Editores Madrid. Lit Foruny, Madrid

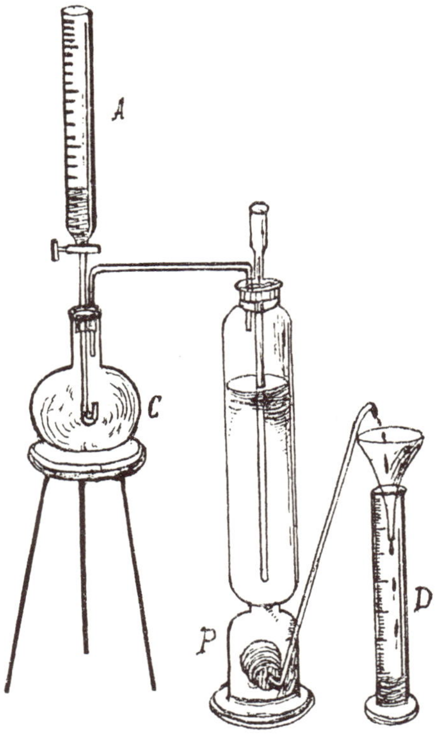

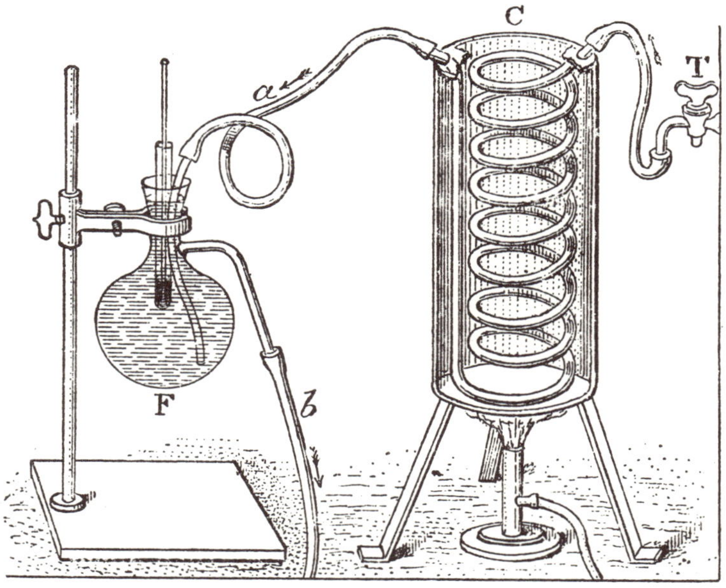

Fig. 32.—Aparato de Schäfer para la coagulación fraccionada.

Un mechero de gas calienta el agua contenida en el depósito C, en el que está sumergido un serpentín por el cual circula agua proviniente de T. Siguiendo en su curso la dirección de las flechas, después de haberse calentado en el serpentín, entra por *a* en el matraz F y sale por *b*. Dentro de la probeta que atraviesa el cuello del matraz está el líquido objeto del examen, y en él introducido el termómetro.

LÁMINA XLIX

ESTEBAN BUXÓ BES, dib. por FEDERICO DE BOTELLA Y DE HORNOS: "Reino de Murcia. Cortes geológicos".

FEDERICO DE BOTELLA Y DE HORNOS, *Descripción geológico-minera de las Provincias de Murcia y Albacete,* Madrid, Imprenta del Colegio Nacional de Sordomudos y de Ciegos, 1868.
230 × 357.

Como hemos dicho (lámina XLVII), tres de las láminas de la *Descripción geológico-minera de las Provincias de Murcia y Albacete,* de Federico de Botella, fueron realizadas por el barcelonés Esteban Buxó Bes, quien también grabó algunas de las figuras incluidas en el texto. Las tres representan cortes geológicos semejantes a los que aparecen en la que hemos seleccionado.

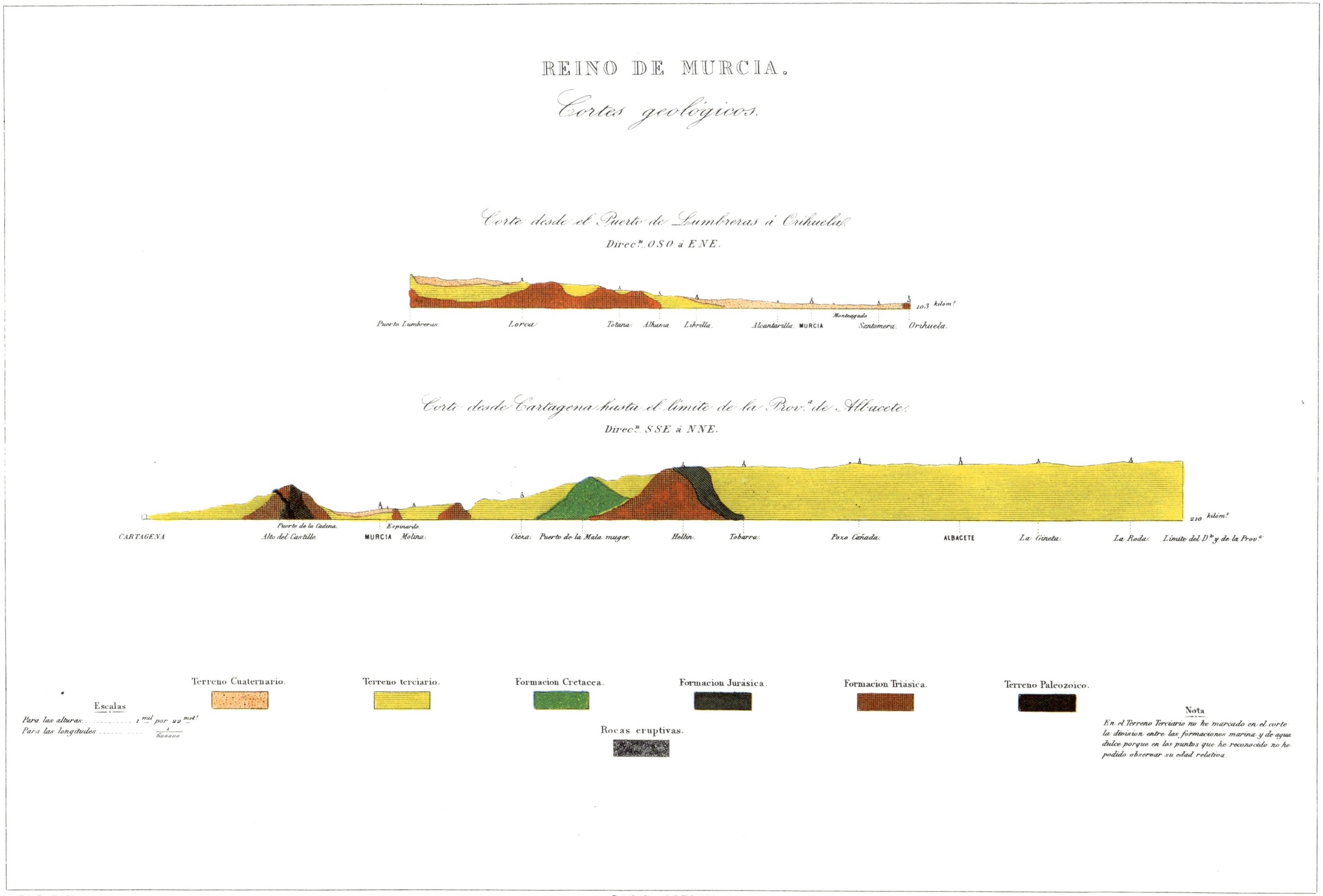

F. de Botella dib. Bajo la direc. de D. V. Castelló E. Buxó grab.

LÁMINA L

[Izquierda] FEDERICO KRAUS: "Análisis microscópico de secciones serpentinas de la Serranía de Ronda".

JOSÉ MACPHERSON Y HEMAS, "Breves apuntes acerca del origen peridótico de la serpentina de la Serranía de Ronda", *Anales de la Sociedad Española de Historia Natural, 4,* 5-18 (1875).
102 × 190.

[Derecha] G. LANGA Y FEDERICO KRAUS, dib. por JOAQUÍN DE CASTELLARNAU Y LLEOPART: Estructura histológica de una rama de pinsapo.

JOAQUÍN MARÍA DE CASTELLARNAU Y LLEOPART, "Estudio micrográfico del tallo del pinsapo", *Anales de la Sociedad Española de Historia Natural, 9,* 401-464 (1880).
102 × 190.

Uno de los grandes geólogos españoles del último cuarto del siglo XIX fue el gaditano José Macpherson y Hemas (1839-1902). Aunque realizó importantes contribuciones originales en distintos campos, cabe destacar que figuró entre los adelantados europeos de la investigación microscópica aplicada a los estudios petrográficos. Un ejemplo de sus trabajos sobre esta materia es el dedicado al origen peridótico de la serpentina de la Serranía de Ronda, al que corresponde la lámina cromolitográfica que reproducimos. Es obra de Federico Kraus, grabador alemán afincado en Madrid que ilustró numerosos textos científicos, entre ellos, muchos artículos de los *Anales de la Sociedad Española de Historia Natural.*

También el tarraconense Joaquín María de Castellarnau y Lleopart (1848-1943) fue un investigador de peso en la comunidad científica internacional, en su caso como paleofitólogo e histólogo de los árboles forestales. Uno de sus primeros estudios en este último campo fue el relativo a la micrografía del pinsapo (*Abies pinsapo,* Boiss), que incluye cuatro láminas con dibujos del propio Castellarnau. Las fotolitografió Federico Kraus, dos de ellas en colaboración con uno de sus ayudantes.

Secciones de Serpentinas de la Serranía de Ronda.

Kraus lit.º

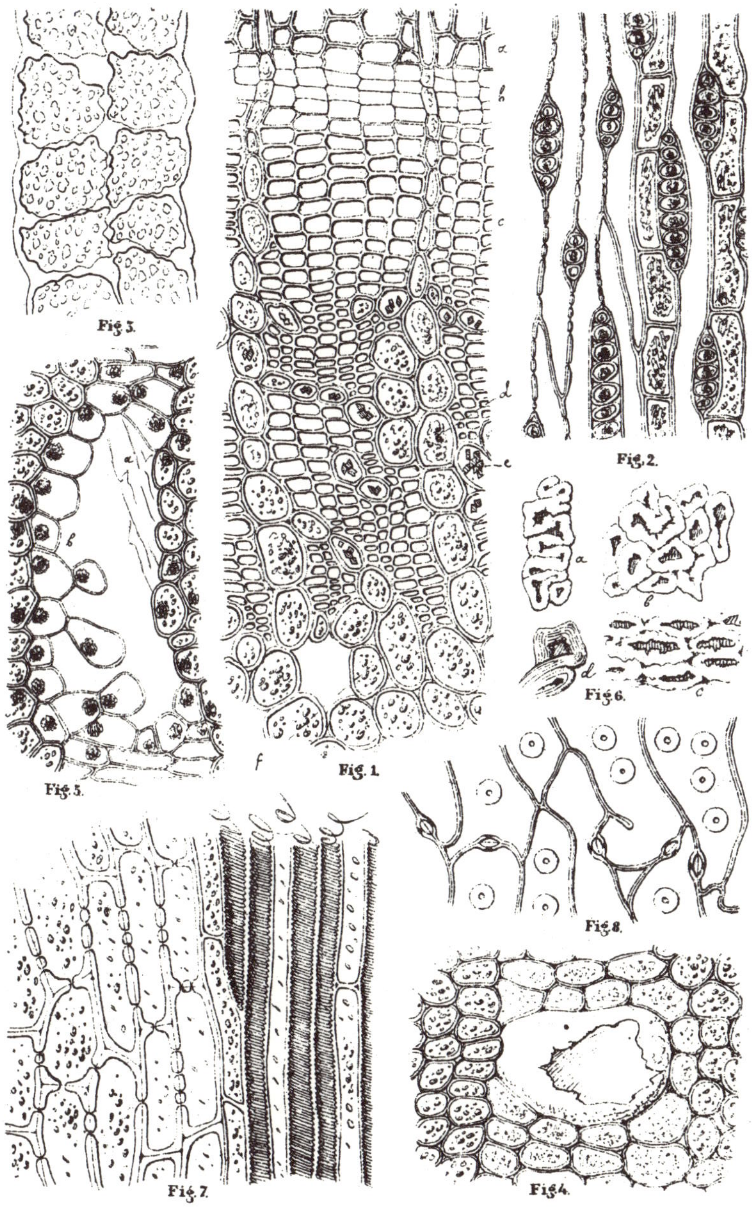

J. Mª Castellarnau ad. nat. Fotolitª por G. Langa y F. Kraus, Madrid.

LÁMINA LI

[Derecha] ALEJANDRO BLANCO Y ASENSIO, dib. por VICENTE LÓPEZ Y PORTAÑA: "El hombre es el rey de los animales y el agente de la creación".

FRANCISCO FABRA Y SOLDEVILA, *Filosofía de la legislación natural fundada en la antropología o en el conocimiento de la naturaleza del hombre y de sus relaciones con los demás seres,* Madrid, Imprenta del Colegio de Sordo-Mudos, 1838.
81 × 142.

[Izquierda] BLAS AMETLLER ROTLLAN, dib. por VICENTE LÓPEZ Y PORTAÑA: "Ex didimis, aura fecundans. Ex ovariis, germina".

BALTASAR DE VIGUERA, *La Fisiología y Patología de la mujer, o historia analítica de su constitución física y moral, de sus atribuciones y fenómenos sexuales y de todas sus enfermedades,* 4 vols., Madrid, Ortega, 1827.
95 × 165.

Durante la primera mitad del siglo XIX se mantuvo todavía la costumbre de que algunos libros científicos tuvieran contraportadas dibujadas y grabadas por artistas de prestigio. Entre ellos se encuentran las obras, notables por diversos motivos, del catalán Francisco Fabra y Soldevila (1778-1839) y del riojano Baltasar de Viguera (1787-1830).

La *Filosofía de la legislación natural fundada en la antropología* (1838), de Fabra y Soldevila, es uno de los escasos ecos que tuvo en España la polémica entre Georges Cuvier y Etienne Geoffroy Saint-Hilaire. Su autor se adhiere a la tesis de la inmutabilidad de las especies y defiende que convendría separar al hombre del reino animal, formando un "reino hominal o humanal". Por otra parte, es un intento de fundamentar la legislación y la organización sociopolítica en la antropología, en la línea de los "ideólogos" franceses.

La Fisiología y Patología de la mujer (1827), de Viguera, es un ambicioso tratado en cuatro volúmenes, que no se limita al estudio del organismo femenino y sus enfermedades. Analiza también las diferencias físicas y morales entre la mujer y el hombre, inclinándose por la superioridad del sexo femenino y denunciando su injusta posición a lo largo de la historia.

Ambas contraportadas fueron dibujadas por Vicente López, artista que no necesita presentación. Las grabaron Alejandro Blanco y Blas Ametller, dos figuras asimismo importantes y encumbradas, como López, por las instituciones oficiales.

V. Lopez lo dibujó — A. Blanco lo grabó.

El hombre es el **REY** *de los animales,*
y el **AGENTE** *de la creacion.*

V. Lopez inv. — B. Amettler inc.

Ex didimis,
aura fecundans.

Ex ovariis,
germina.

LÁMINA LII

CAMILO ALABERN CASAS: "Corte de San Isidro, restos humanos, hachas, etc.".

JUAN VILANOVA Y PIERA, *Compendio de Geología,* Madrid, Imprenta de Alejandro Gómez Fuentenebro, 1872.
195 × 320.

El valenciano Juan Vilanova y Piera (1821-1893) fue catedrático de geología y paleontología de la Universidad de Madrid hasta 1873, fecha en la que pasó a explicar únicamente paleontología. Figuró entre los primeros geólogos españoles de tipo universitario y desarrolló una intensa actividad como investigador y también como divulgador, contribuyendo de manera importante a difundir en España las novedades europeas de varias disciplinas. Entre sus numerosas publicaciones destinadas a la enseñanza se encuentra un *Compendio de Geología* (1872), que incluye, aparte de figuras en el texto, diecisiete láminas grabadas por Camilo Alabern Casas, que fueron premiadas en un concurso convocado por la Academia de Ciencias, de Madrid. Todas van firmadas, con la excepción de la que reproducimos, cuyo principal interés reside en que refleja la primera etapa de los estudios de Vilanova relacionados con la paleontología humana y la prehistoria. Los temas de sus figuras son los siguientes:

1, 2 y 3. Mandíbula, diente molar y fragmento de fémur humanos procedentes de Puerto Príncipe.
4 y 5. Fragmentos de mandíbula humana procedentes de un dolmen de Extremadura.
6. Pedazo de otra mandíbula humana, de la Cueva de la Roca (Orihuela).
7. Fragmento de hueso largo carbonizado, de la Cueva de la Roca (Orihuela).
8. Molar muy gastado de *Ursus spelaeus,* de Cabra.
9. Íd. de cerdo o jabalí, de Cabra.
10. Fragmento de una mandíbula de cuervo, de Cabra.
11. Fragmento de una mandíbula de cuervo, de la Cueva del Parpalló (Mondúber).
12. Molar de *Equus primigenius,* de la Cova Negra (Játiva).
13. Valva de un gran *Pectunculus* con el nactes perforado. *Diluvium* de Madrid.
14. Íd. individuo más pequeño. Cueva de la Roca (Orihuela).
15. *Conus.* Cueva de la Roca (Orihuela).
16. *Cyclostoma elegans.* Cueva de la Roca (Orihuela).
17. Hacha amigdaloidea, de San Isidro (Madrid).
18-23. Cascos y cuchillos de pedernal, de la Cueva del Parpalló (Mondúber).

Dibujo del centro: Corte de San Isidro (Madrid).

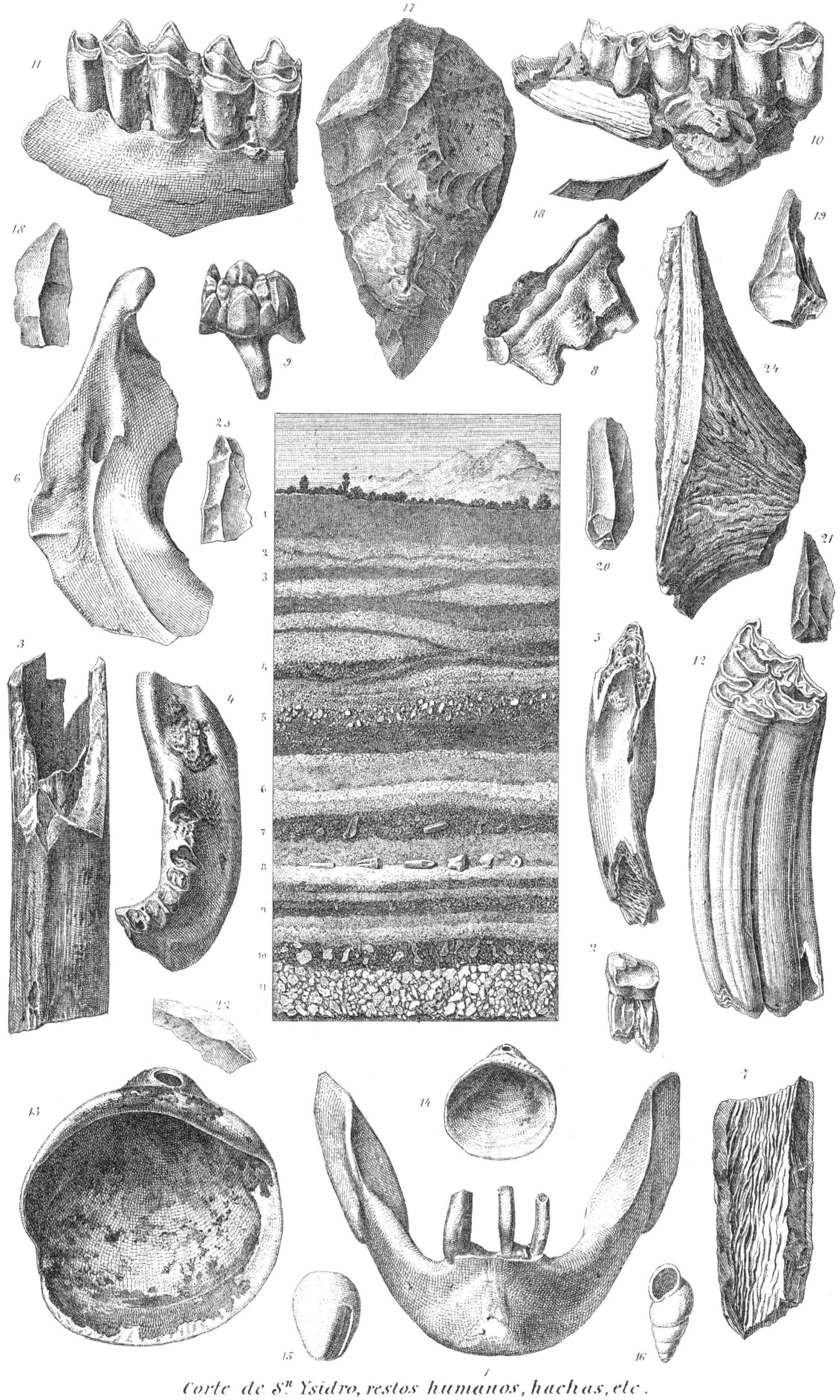

Corte de Sn Ysidro, restos humanos, hachas, etc.

LÁMINA LIII

[Izquierda] FEDERICO KRAUS, dib. por F. DÍAZ CARREÑO: *Urotropis platensis,* Espada.

MARCOS JIMÉNEZ DE LA ESPADA, "Urotropis Platensis", *Anales de la Sociedad Española de Historia Natural, 4,* 69-73 (1875).
102 × 190.

[Derecha] LITOGRAFÍA DE MARTÍNEZ, dib. por IGNACIO BOLÍVAR URRUTIA: Ortópteros ibéricos de los géneros *Pycnogaster* y *Ephippiger.*

IGNACIO BOLÍVAR URRUTIA, "Sinopsis de los ortópteros de España y Portugal (Tercera parte)", *Anales de la Sociedad Española de Historia Natural, 6,* 249-348 (1877).
95 × 190.

El zoólogo murciano Marcos Jiménez de la Espada (1831-1898) fue una de las principales personalidades de la Comisión Científica del Pacífico, constituida en 1862 con la finalidad de realizar una expedición a América del Sur para recoger materiales con destino al Museo de Ciencias Naturales y el Jardín Botánico, de Madrid. Iniciada en agosto de ese mismo año, la expedición se vio interrumpida dos años después por la llamada "guerra del Pacífico", a pesar de lo cual Jiménez de la Espada continuó estudiando la naturaleza americana hasta finales de 1865. A su regreso a Madrid, ordenó y estudió el material zoológico reunido, lo que le condujo a la descripción de varias especies nuevas. Entre ellas se encuentra el *Urotropis platensis,* de la familia de los salamándridos, al que dedicó en 1875 un artículo en los *Anales* de la Sociedad Española de Historia Natural, de la que había sido uno de los fundadores en 1870. A dicho artículo pertenece la lámina que reproducimos, dibujada por F. Díaz Carreño y litografiada por Federico Kraus, cuya importante contribución a las ilustraciones de los *Anales* ya hemos anotado (lámina L).

El madrileño Ignacio Bolívar Urrutia (1850-1944) encabezó desde el Museo de Ciencias Naturales, de Madrid, una auténtica renovación de los estudios biológicos en España, reuniendo en su torno un grupo dedicado principalmente a trabajos sobre animales inferiores. Como investigador principal se consagró a la entomología, especialmente a los ortópteros y hemípteros, materia en la que llegó a ser una autoridad internacional. Entre sus primeros trabajos figura una serie de artículos sobre los ortópteros de la Península Ibérica publicada en 1876 y 1877 en los *Anales* de la Sociedad Española de Historia Natural, de la que fue también miembro fundador. La serie está ilustrada con numerosas láminas, con dibujos del mismo Bolívar, realizadas en el establecimiento litográfico madrileño de Martínez, del que se conoce también alguna obra de tema religioso. Hemos seleccionado una correspondiente a la tercera parte en la que están representadas diferentes especies de ortópteros de los géneros *Pycnogaster* y *Ephippiger.* Varias de ellas fueron descritas por vez primera por Bolívar como, por ejemplo, las dos que aparecen en color: *Ephippiger Miegi* (fig. 6) *E. Perezii* (fig. 9).

Urotropis platensis Espada.

F. Diaz Carreño dib.º Lit. Kraus.

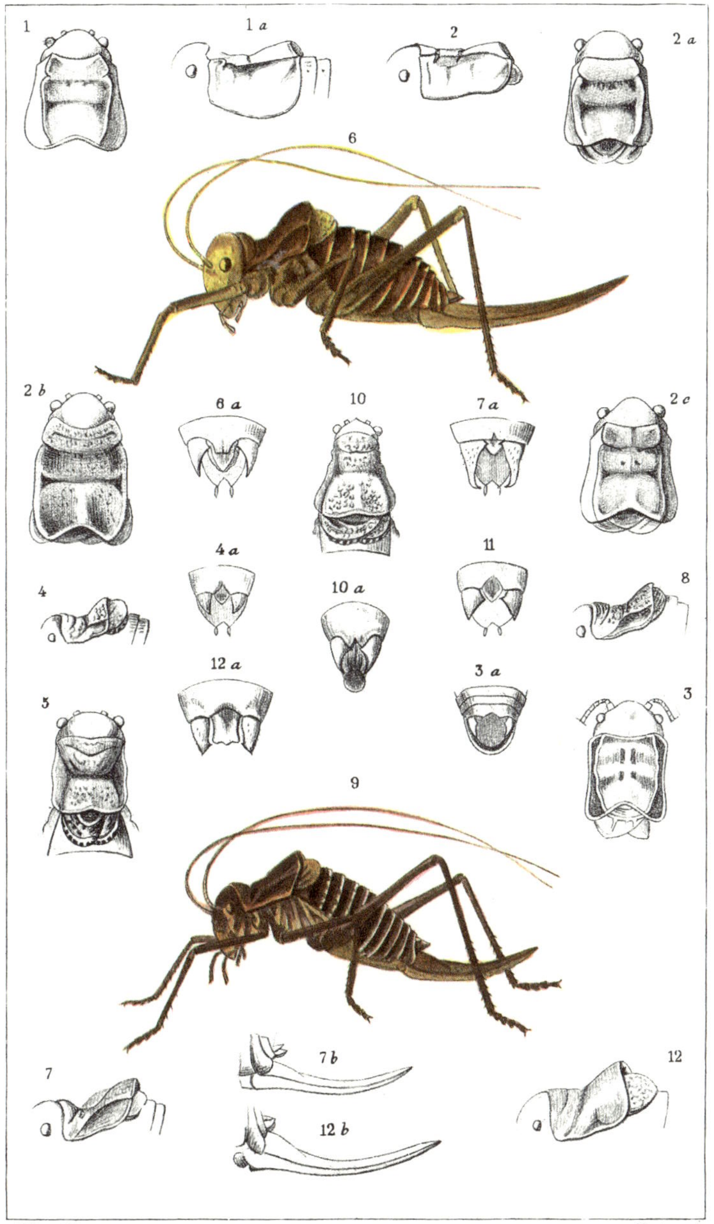

Bolivar del. Martinez sc.

Ortópteros de España

LÁMINA LIV

LITOGRAFÍA DE ESPASA, dib. por SALVADOR CARDENAL: "Microorganismos procedentes de infecciones quirúrgicas".

SALVADOR CARDENAL, *Manual práctico de cirugía antiséptica,* 2.ª ed., Barcelona, Espasa (1887). 140 × 210.

A partir de los años setenta, la nueva microbiología encabezada por Louis Pasteur y Robert Koch se difundió en España, donde pronto tuvo cultivadores profesionales, además de revolucionar varias disciplinas. Una de las más directamente afectadas fue la cirugía, que inició una era radicalmente nueva gracias al dominio de la infección quirúrgica que permitió la antisepsia de Joseph Lister. Entre las figuras españolas que contribuyeron a la difusión de las técnicas antisépticas destaca el valenciano Salvador Cardenal (1852-1927), quien se formó y desarrolló su actividad profesional en Barcelona. Su *Manual práctico de cirugía antiséptica,* publicado originalmente con otro título en 1880, fue reflejando en sus sucesivas ediciones el paso del concepto de antisepsia al más moderno de asepsia. Cardenal era un riguroso cultivador de las disciplinas médicas de laboratorio y en concreto de la microbiología, de la que ofrece en su manual una síntesis aplicada a la cirugía. A ella corresponde la lámina que reproducimos, dibujada del natural por el propio Cardenal y, por otra parte, ejemplo típico de las ilustraciones cromolitográficas de los textos médicos de estos años.

Fig. 1.ª: Pus con estreptococos y diplococos procedente de un empiema crónico. Teñido con violeta de genciana.
Fig. 2.ª: Pus con estreptococos y diplococos procedente de flemón agudo. Teñido con violeta común de anilina.
Fig. 3.ª: Pus con estreptococos procedente de un flemón agudo. Teñido con rojo de fucsina.
Fig. 4.ª: Cultivo puro en gelatina de bacterias procedentes de una pústula séptica. Teñido con violeta de genciana.
Fig. 5.ª: Células linfáticas sin microorganismos.
Fig. 6.ª: Cultivo puro en gelatina de micrococos.

Lámina 2.ª

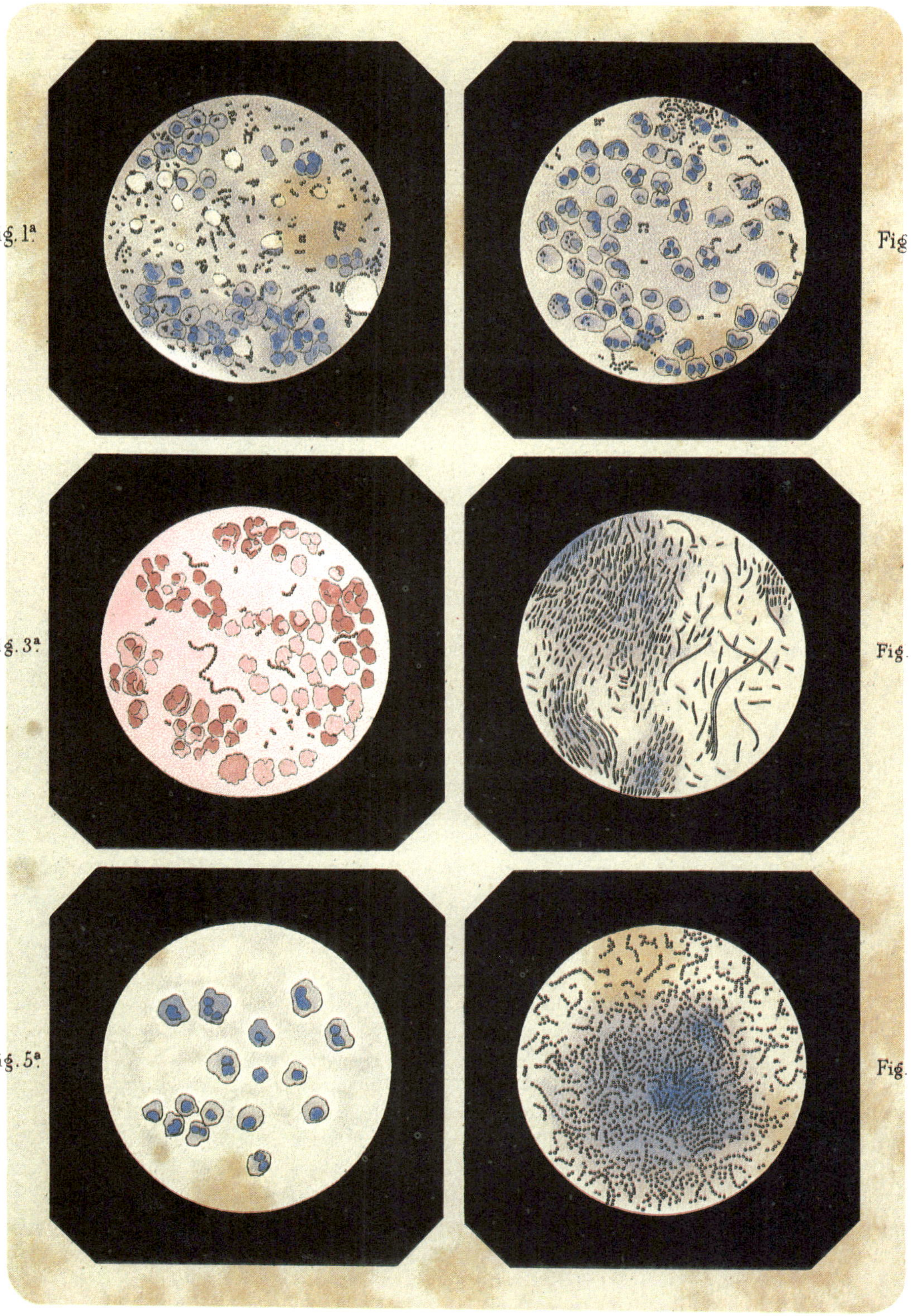

Fig. 1.ª Fig. 2.ª
Fig. 3.ª Fig. 4.ª
Fig. 5.ª Fig. 6.ª

Cardenal ad nat. del.

Tipo-litª de Espasa y Cía

Lámina LV

[Arriba] "Corte transversal semiesquemático de una circunvolución cerebelosa".
[Abajo] "Corte longitudinal de una circunvolución cerebelosa".

Santiago Ramón y Cajal, *Textura del sistema nervioso del hombre y de los vertebrados,* 2 tomos en 3 vols., Madrid, Nicolás Moya, 1897-1904.
105 × 112; 110 × 60.

El aragonés Santiago Ramón y Cajal (1852-1934) creó uno de los modelos que hoy sirven de núcleos de cristalización a las ciencias biomédicas. Concretamente, formuló el vigente en la actualidad acerca de la estructura del sistema nervioso y los mecanismos básicos de su funcionamiento, cuyo fundamento es la teoría de la neurona. En 1888 demostró por vez primera inequívocamente la individualidad de las células nerviosas al estudiar la estructura del cerebelo, confirmándola después en la de todos los órganos nerviosos, a cuya investigación sistemática dedicó su vida.

Cajal expuso su nueva concepción en una síntesis que publicó en 1892 y luego, principalmente, en su gran tratado *Textura del sistema nervioso del hombre y de los vertebrados* (1897-1904). Los dos grabados que reproducimos fueron esquemas destinados a dicha síntesis que reprodujo después en la *Textura* y son de referencia obligada cuando se habla de la teoría de la neurona.

Como es sabido, la afición al dibujo fue una de las constantes en la vida de Cajal, que estuvo presente en cada una de las situaciones de su biografía, desde su infancia y adolescencia. Dibujó personalmente la práctica totalidad de las innumerables ilustraciones de sus libros y artículos científicos. Menos conocido es el hecho de que, al comienzo de su dedicación a la histología, aprendió el manejo del lápiz litográfico y el buril y ensayó, además, la aplicación de la fotografía a la reproducción de los grabados. Sus dos primeros trabajos científicos, publicados en Zaragoza en 1880 y 1881, llevan láminas litografiadas e iluminadas a mano, íntegramente realizadas por él. Su *Manual de Histología,* que apareció originalmente en Valencia entre 1884 y 1889, incluye más de doscientos grabados, que son xilografías a contrafibra ejecutadas por un artista valenciano, probablemente Heliodoro Payá, sobre dibujos de Cajal. Durante su estancia en Barcelona, para dar a conocer sus hallazgos, tuvo que publicar a su costa una *Revista trimestral de Histología normal y patológica* (1888-1889) que volvió a llevar láminas litográficas dibujadas y grabadas por él. Solamente a partir de entonces, cuando se convirtió en una figura científica de creciente prestigio internacional, pudo permitirse que las ilustraciones que continuó dibujando para sus trabajos se reprodujeran con las mejores técnicas disponibles por la industria editorial.

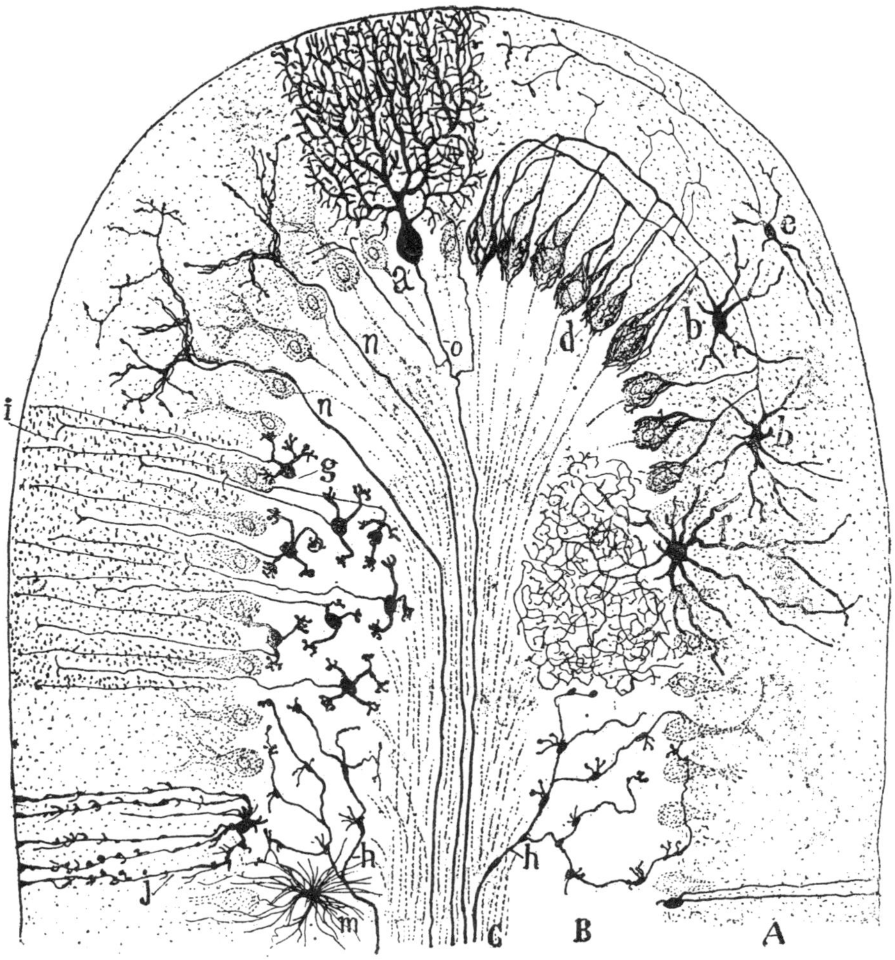
a
b
b
d
e
g
h
h
i
j
m
n
n
o
A
B
C

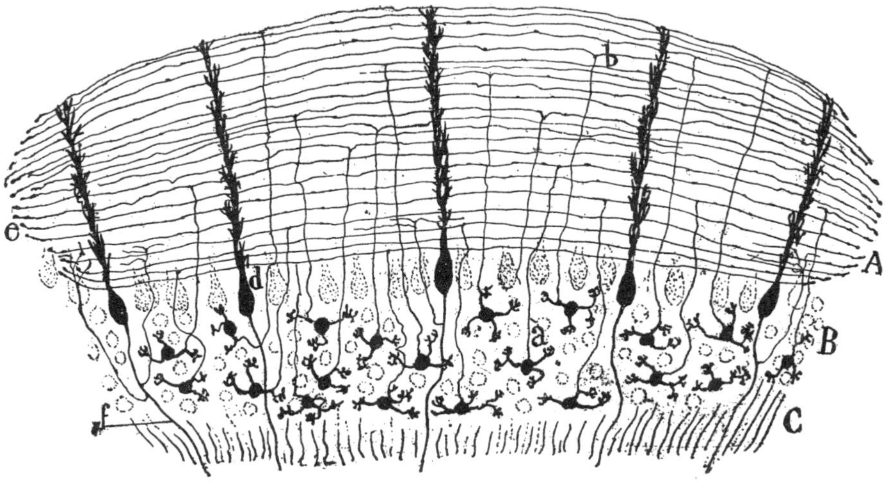
a
b
d
e
f
A
B
C

Lámina LVI

"Ganglios terminales del nervio acústico de las aves".

Santiago Ramón y Cajal, "Les ganglions terminaux du nerf acoustique des oiseaux", *Trabajos del Laboratorio de Investigaciones Biológicas, 6,* 195-226 (1908).
310 × 233.

Cuando terminó la publicación de su gran obra *La textura del sistema nervioso,* en 1904, Cajal había examinado sistemáticamente todos los territorios nerviosos, utilizando principalmente el método cromoargéntico de Golgi, que permite una tinción precisa y selectiva de la silueta de las neuronas y sus prolongaciones. Sin embargo, se le había planteado poco antes la necesidad de conocer la estructura interna de las células nerviosas, problema para el que resultaba precisa una nueva técnica. Tras numerosos ensayos, consiguió solucionarlo ideando el célebre método del nitrato de plata reducido (1903), que fue utilizado intensamente por Cajal y sus discípulos durante una década, con resultados de extraordinaria importancia. Entre los trabajos basados en esta técnica figura un artículo sobre los ganglios terminales del nervio acústico de las aves, que incluye la lámina que reproducimos. Dibujada, como de costumbre, por el propio Cajal, es una de las más bellas cromolitografías que aparecieron en su revista:

Fig. 1: Corte frontal de la región acústica bulbar de un embrión de pollo de seis días.
Fig. 2: Corte frontal de ganglios cocleares de un gorrión de quince días.
Fig. 3: Corte frontal de ganglios acústicos de un gorrión de quince días.
Fig. 4: Neuronas del núcleo de grandes células.
Fig. 5: Células estrelladas procedentes de la región cefálica de dicho núcleo.
Fig. 6: Detalles de plexos terminales en el foco laminar.

Fig. 1.

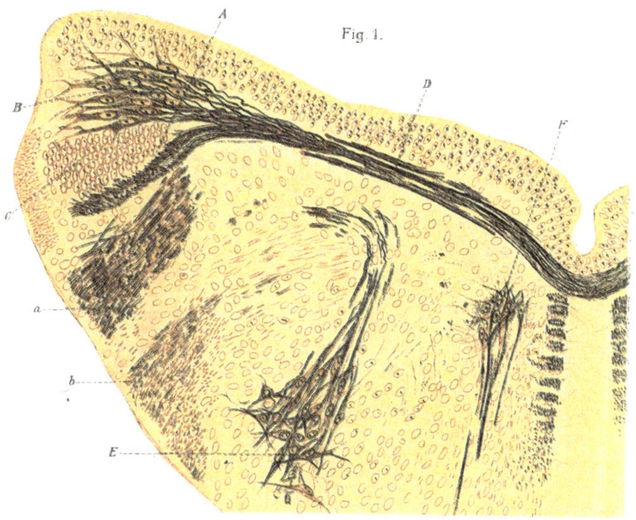

Fig. 4.

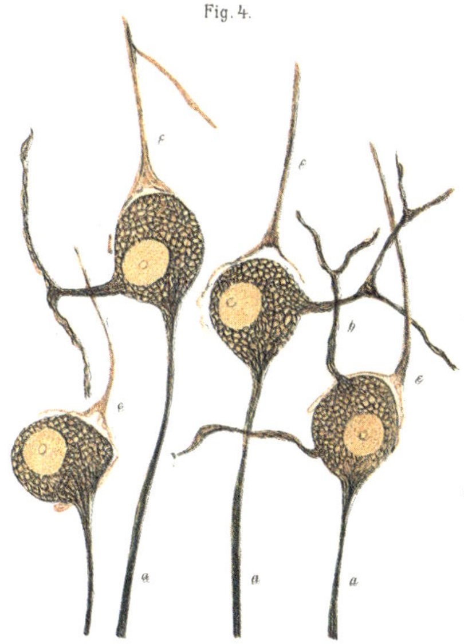

Fig. 2.

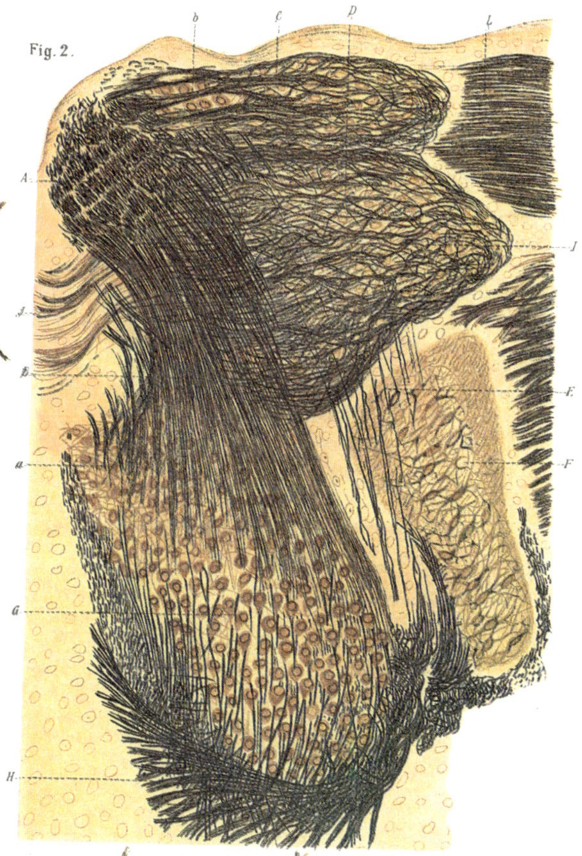

Fig. 3.

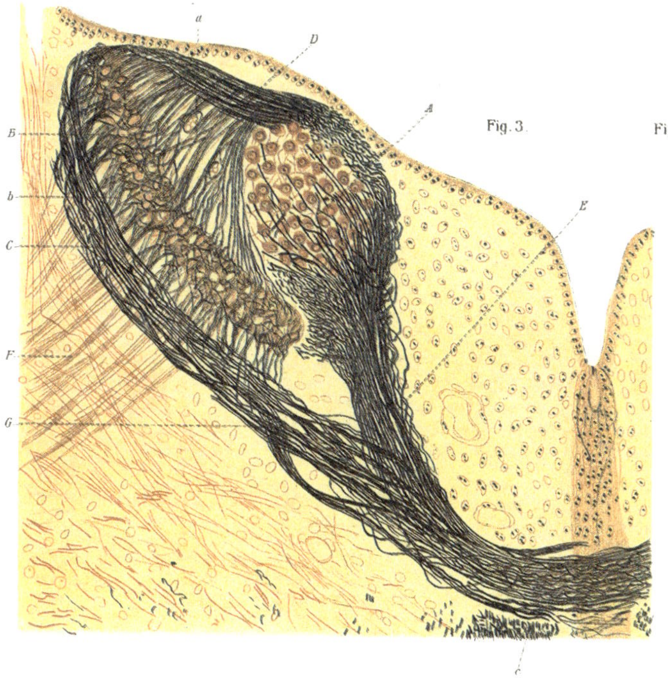

Fig. 6.

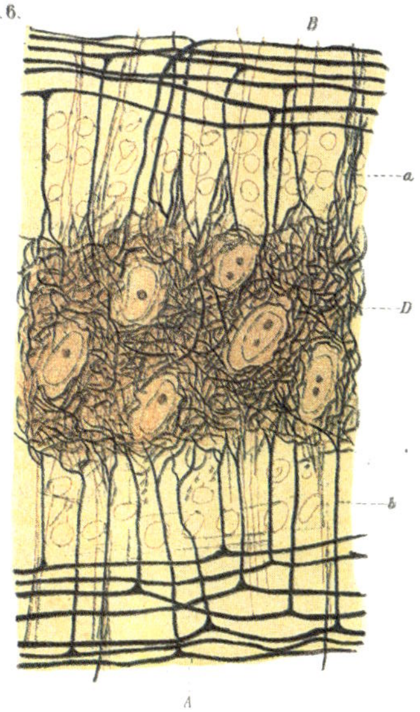

Fig. 5.

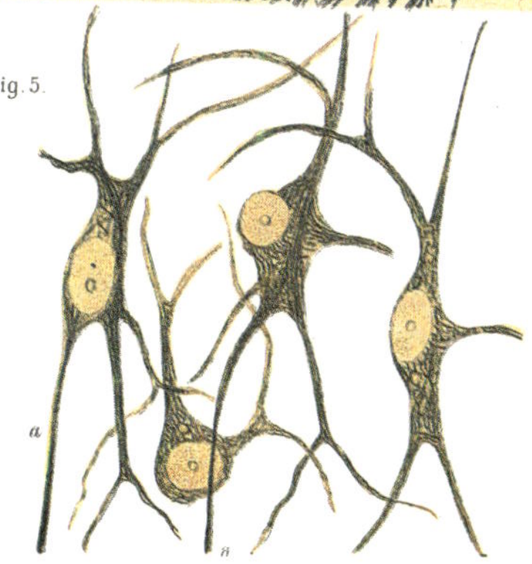

LÁMINA LVII

[Arriba] LITOGRAFÍA MONTORI, dib. por GERARDO HERNÁEZ: Blefaroplastia.

[Abajo] LITOGRAFÍA MONTORI, dib. por GERARDO HERNÁEZ: Instrumentos quirúrgicos utilizados para las amputaciones y la trepanación craneal.

DIEGO DE ARGUMOSA OBREGÓN, *Resumen de cirugía,* 2 vols. + atlas, Madrid, Imp. de José María Alonso, 1856.
310 × 180; 305 × 180.

El santanderino Diego de Argumosa Obregón (1792-1865) fue la máxima figura de la cirugía española del siglo XIX. Supo incorporar tempranamente las novedades de importancia, entre ellas, la anestesia quirúrgica por inhalación. Su relieve histórico se debe, sin embargo, a su aportación a la técnica operatoria, que enriqueció con una larga serie de procedimientos originales que sirvieron de base a una tradición quirúrgica que se mantuvo a lo largo de más de un siglo. Los más notables corresponden a la cirugía del aparato locomotor, a la vascular y a la plástica. En este último campo ideó una técnica de blefaroplastia para tratar la pérdida total o parcial de los párpados, un método de queiloplastia para el tratamiento de cánceres labiales e introdujo mejoras en la rinoplastia. Al final de su vida redactó su *Resumen de cirugía,* excelente síntesis basada en su experiencia y enriquecida con sus aportaciones personales. Su tercer volumen es un atlas que incluye quince láminas litográficas, realizadas en el establecimiento madrileño de Montori a partir de dibujos de Gerardo Hernáez, con la excepción de una de ellas, que fue dibujada y grabada por una hija del propio Argumosa. Hemos seleccionado la correspondiente a su técnica de blefaroplastia y otra que representa instrumentos destinados a las amputaciones y a la trepanación craneal.

Lamª 3

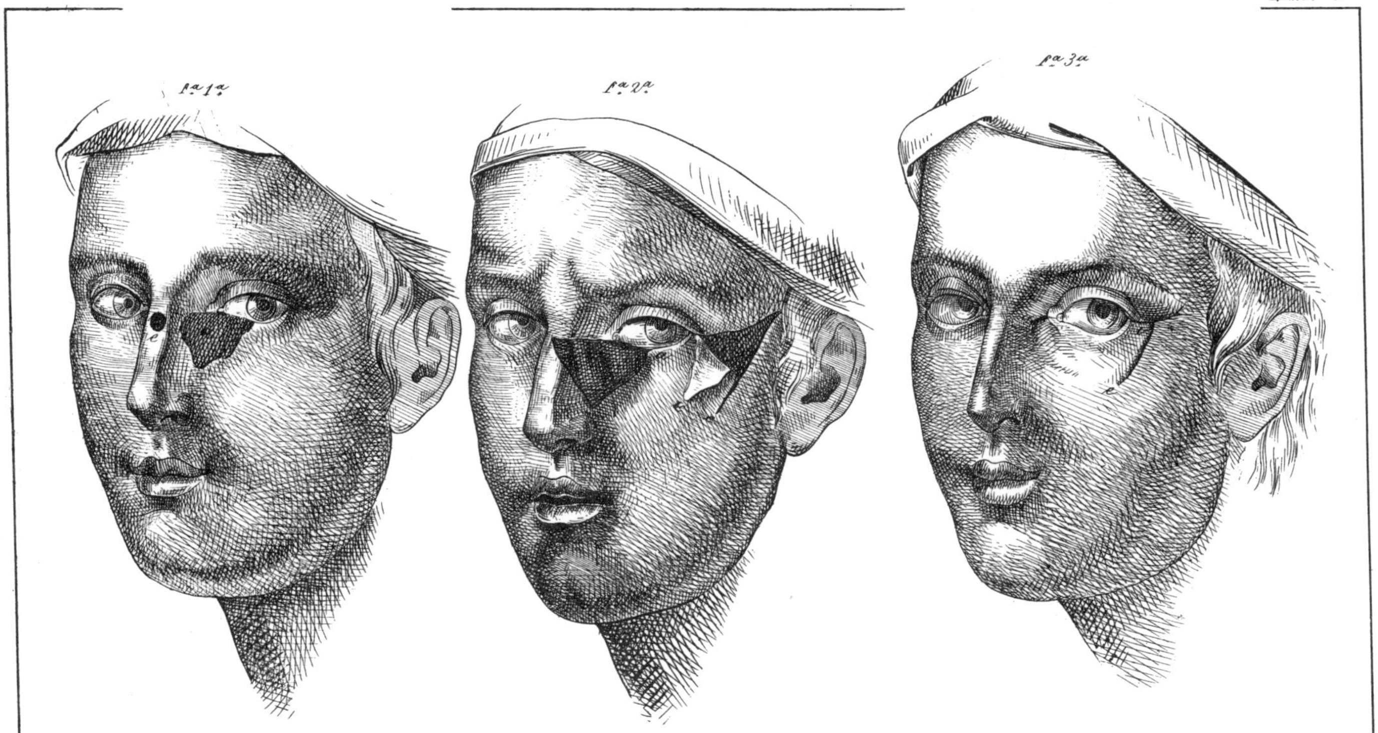

Gerardo Hernaez dibº

Lit. Montori Cruz 2.

Lamª 9ª

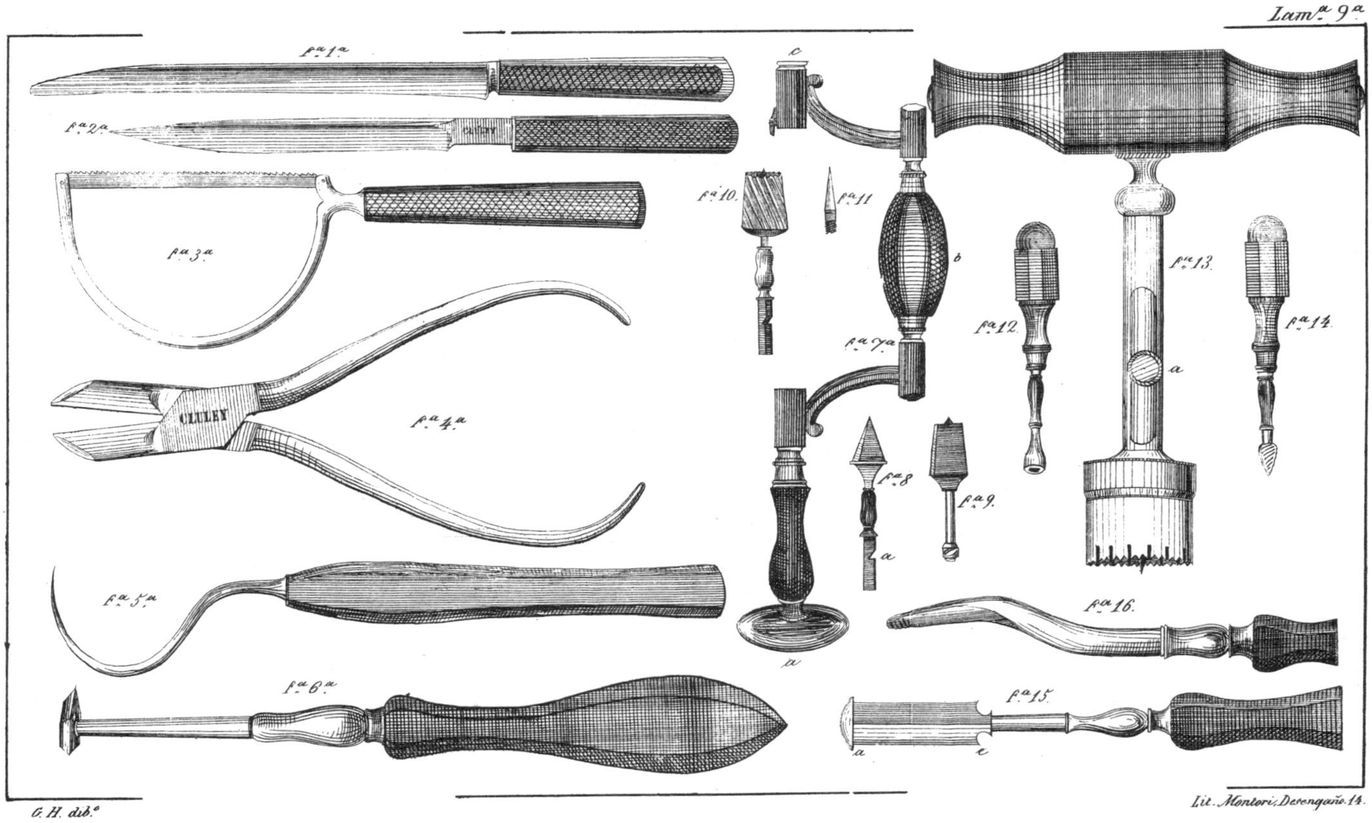

G. H. dibº

Lit. Montori, Desengaño 14.

LÁMINA LVIII

[Izquierda] ANTONIO PASCUAL Y ABAD: Examen del fondo del ojo con el oftalmoscopio. Esquemas de su funcionamiento.

[Derecha] ANTONIO PASCUAL Y ABAD: Imágenes oftalmoscópicas.

EUGÈNE FOLLIN, *Lecciones sobre la aplicación del oftalmoscopio al diagnóstico de las enfermedades de los ojos...*, traducidas por Nicolás Ferrer y Julve, Valencia, José Doménech, 1862.
136 × 200; 136 × 200.

La invención del oftalmoscopio por Helmholtz no solamente fue un factor decisivo en el desarrollo de la moderna especialidad oftalmológica, sino el punto de partida de las técnicas endoscópicas que permitieron la visión directa de las lesiones internas del organismo, *desideratum* de la medicina de orientación anatomoclínica. Uno de los primeros libros publicados en España sobre el tema fue la versión castellana de las lecciones que Eugène Follin había dado en el hospital parisino de la Charité, traducidas por Nicolás Ferrer y Julve, quien poco más tarde ocuparía una de las cátedras de cirugía de la Facultad de Medicina, de Valencia. Las láminas de esta edición fueron litografiadas por Antonio Pascual y Abad, grabador alcoyano habitualmente recordado por su abundante producción en estampas religiosas.

Los esquemas de la lámina 1 corresponden al funcionamiento del oftalmoscopio de espejo cóncavo solo (fig. 2), de espejo cóncavo y lente biconvexa (fig. 3) y de espejo cóncavo y lente bicóncava (fig. 4).

Las imágenes de la lámina 2 representan el fondo del ojo humano en estado normal (fig. 1), el "círculo venoso alrededor de la papila en el perro" (fig. 2) y diversas alteraciones del fondo del ojo humano: "catarata incipiente" (fig. 3), "cisticerco del cuerpo vítreo" (fig. 4), "esclero-coroiditis posterior" (fig. 5), "papila del nervio óptico infiltrada de sangre" (fig. 6); y "amaurosis albuminúrica e hidropesía subretiniana" (fig. 7).

Lª 1.

Fig. 1.

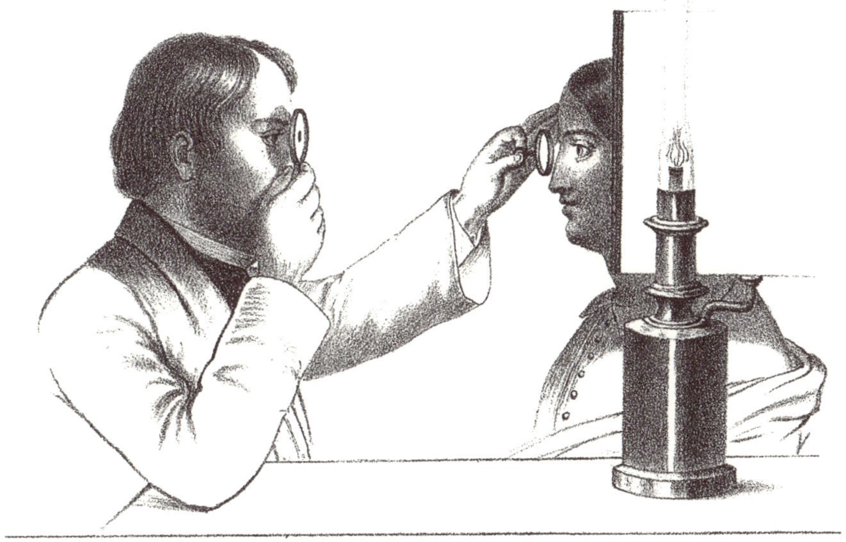

Fig. 2.

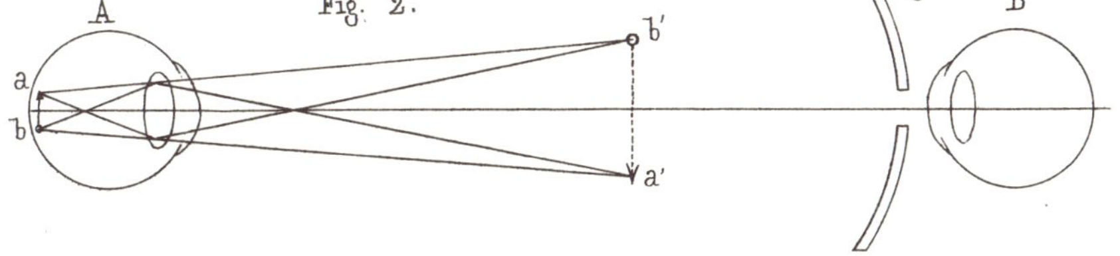

Fig. 3.

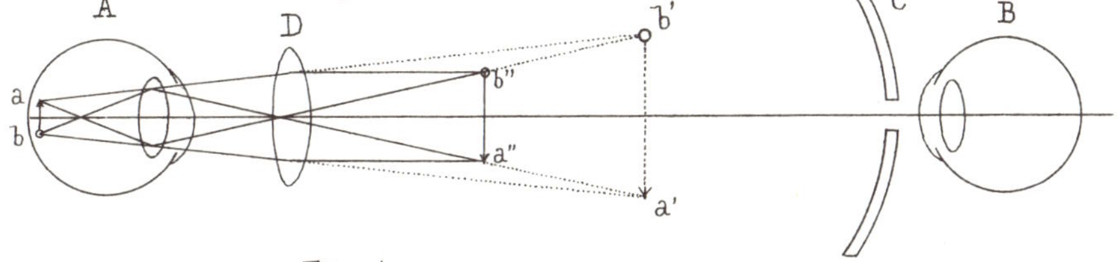

Fig. 4.

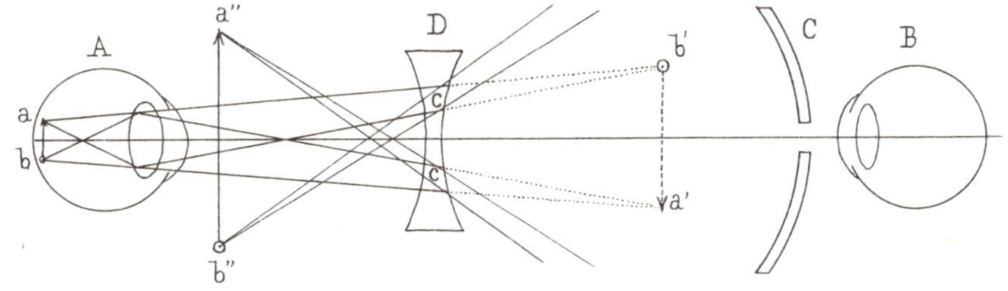

Lª 2.

Fig. 3.

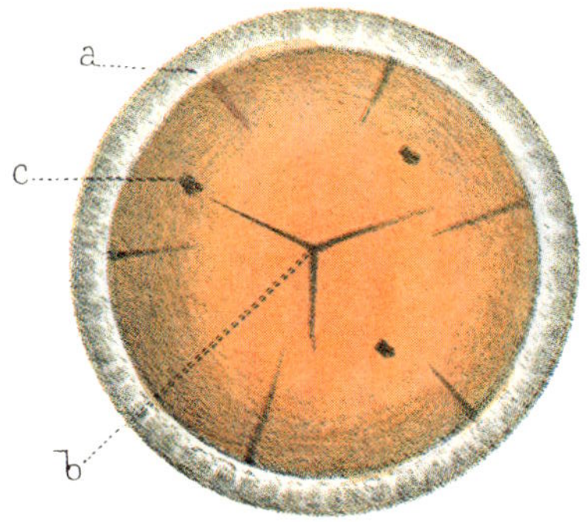

Fig. 4.

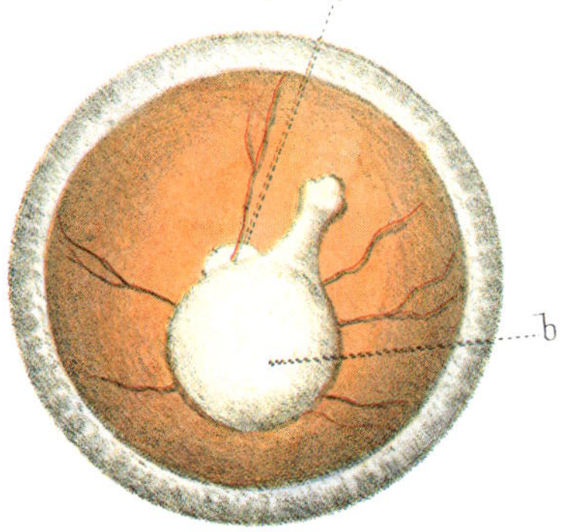

Fig. 6.

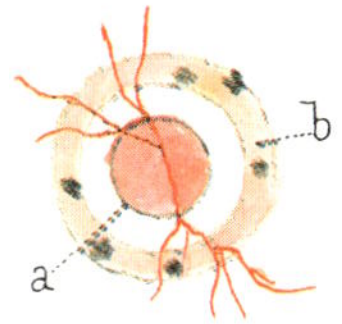

Fig. 1.

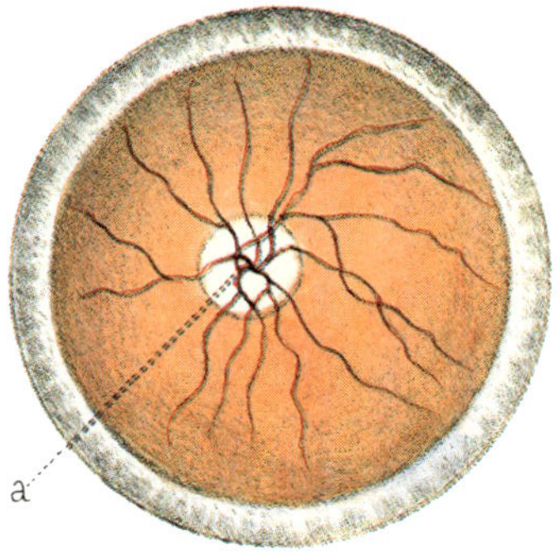

Fig. 2.

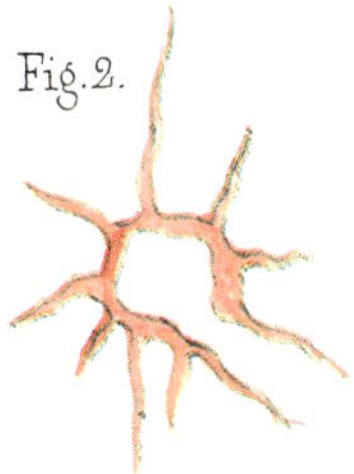

Fig. 5.

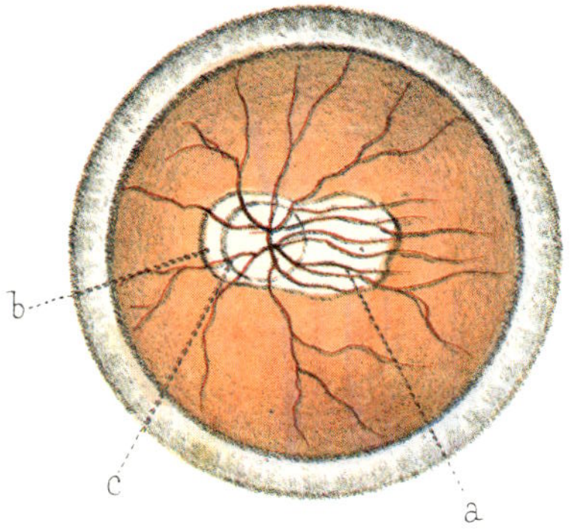

Fig. 7.

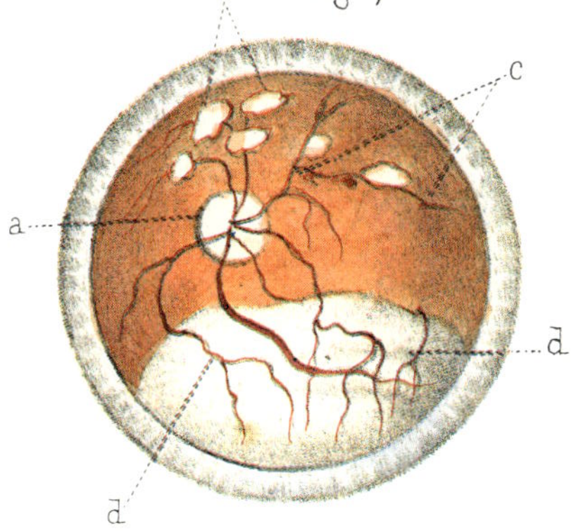

Lit. de PASCUAL y ABAD _ Valencia

LÁMINA LIX

RAMÓN SOLDEVILA Y TREPAT, dib. por JOSÉ ACEVEDO: "Gomas del hígado (Sífilis visceral)".

JOSÉ EUGENIO OLAVIDE, *Atlas de la clínica iconográfica de enfermedades de la piel o dermatosis,* Madrid, Imprenta de T. Fortanet, 1873.
250 × 310.

El madrileño José Eugenio Olavide (1836-1901) convirtió su servicio clínico en el Hospital de San Juan de Dios, de Madrid, en el auténtico núcleo de la constitución de la dermatología como especialidad en España. Aparte de un excelente observador clínico, fue un entusiasta cultivador de los estudios histopatológicos y parasitológicos y, más tarde, de los bacteriológicos. Desde finales de los años cincuenta, fecha temprana incluso en un contexto europeo, realizó investigaciones micrográficas y experimentales, en parte en colaboración con el gaditano Federico Rubio y Galí (1827-1902), gran figura española de la "cirugía de laboratorio". Entre sus libros destaca el tratado *Dermatología general,* cuyo segundo volumen es un espléndido volumen de 168 láminas cromolitográficas de gran tamaño, que incluyen, junto a la iconografía clínica, numerosas imágenes histopatológicas y parasitológicas, en algunas de las cuales colaboró Federico Rubio. Este atlas –máxima contribución en su género procedente de la España de la época– fue materialmente realizado por dos artistas y un establecimiento litográfico importantes: el asturiano José Acevedo y el catalán Ramón Soldevila Trepat y la litografía madrileña de José Mateu. En la lámina que reproducimos, además de la imagen macroscópica de los gomas hepáticos característicos de la sífilis visceral, figura otra microscópica procedente de una observación histopatológica de Federico Rubio.

LÁMINA XXI DEL GRUPO DE AFECCIONES SIFILÍTICAS.

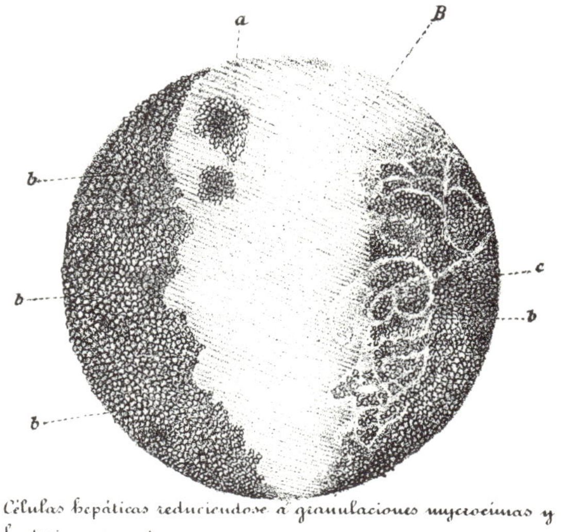

a. Células hepáticas reduciendose á granulaciones mycrocimas y bacterium punctum.

b. Borde del tegido hepático en su confluencia con B, tegido de la goma.

c. Terminacion priapiforme de los nervios hepáticos (Rubio.)

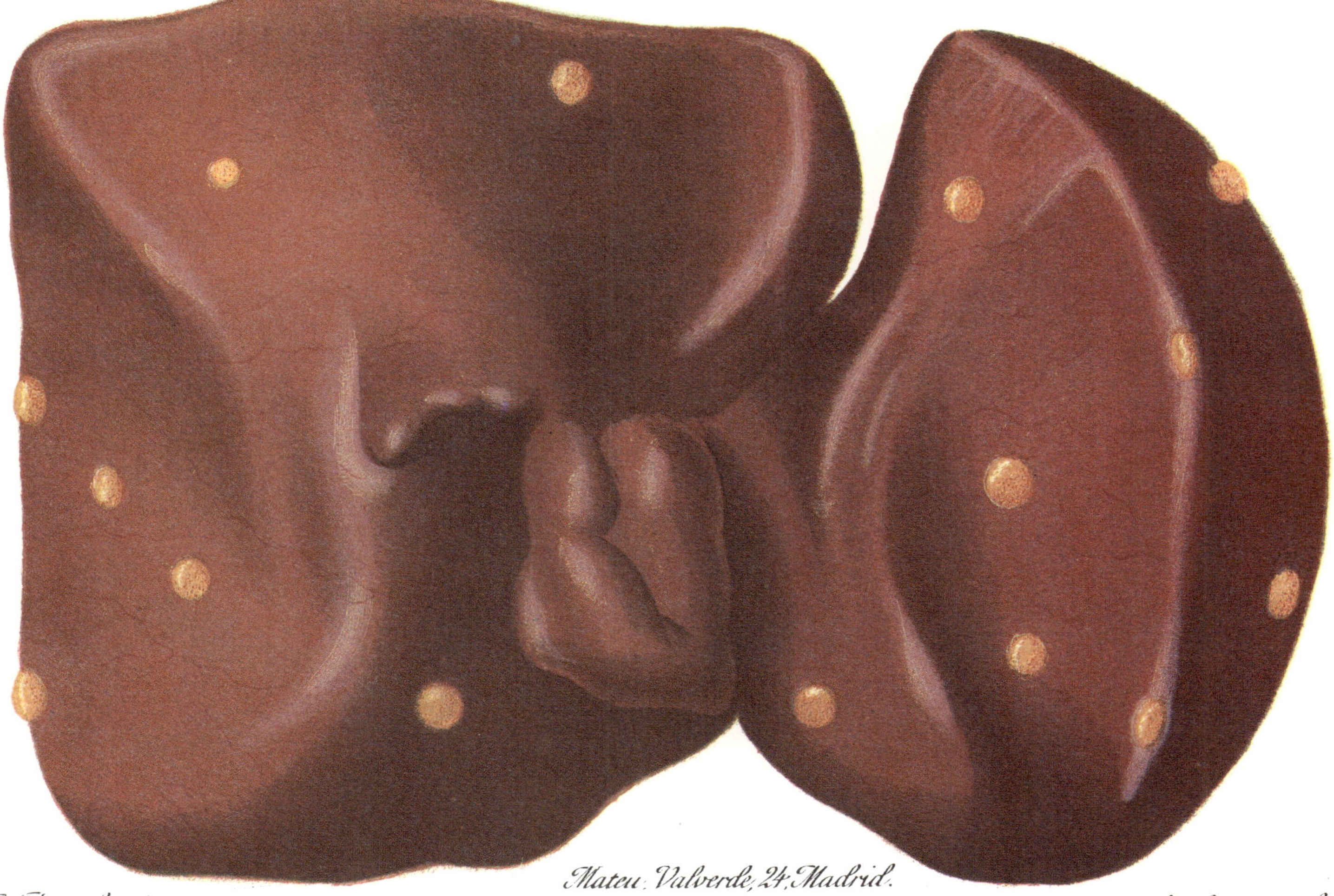

Mateu, Valverde, 24, Madrid.

J. Acevedo pinto | Soldevila, cromo-litº

GOMAS DEL HÍGADO, PULMONES, ETC. (SÍFILIS VISCERAL).

Lámina LX

Litografía de Miralles: "Cuadro gráfico comparativo de las variaciones meteorológicas y telúricas y de la marcha de la epidemia colérica de 1885 en la ciudad de Valencia".

El cólera en Valencia en 1885. Memoria de los trabajos realizados durante la epidemia, presentada por la Alcaldía al Excmo. Ayuntamiento en nombre de la Junta Municipal de Sanidad, Valencia, Manuel Alufre, 1886.
400 × 670.

En 1885, España padeció la última epidemia colérica importante. El punto de partida de su difusión fue la ciudad de Valencia, donde produjo casi cinco mil muertes, casi todas concentradas en la segunda quincena de junio y la primera de julio, en las que hubo días que fallecieron de cólera más de doscientas personas.

Esta epidemia debe su celebridad, no sólo a que cierra un período histórico, sino a que en ella se aplicó por primera vez en el mundo la vacuna anticolérica, que el año anterior había sido descubierta por el microbiólogo catalán Jaume Ferran i Clua (1852-1929). Además, fue la primera ocasión en la que se empleó una vacuna para inmunizar a seres humanos frente a una enfermedad bacteriana. Resulta lógico que motivara una dura polémica que desbordó el ambiente valenciano y español, alcanzando amplia repercusión internacional.

La lámina que reproducimos, obra del establecimiento litográfico valenciano de Miralles, es un destacado ejemplo del grabado epidemiológico de la época. Es una de las ilustraciones de la memoria que sobre la epidemia presentó la Junta Municipal de Sanidad, de Valencia. Su director, Constantino Gómez Reig, era antiferranista y partidario de la "teoría telúrica" de Pettenkofer, que defendía la influencia del suelo y de las aguas subterráneas en la propagación de la epidemia, lo que se refleja claramente en la lámina.

SUMARIO

De esta edición de
EL GRABADO EN LA CIENCIA HISPÁNICA
compuesta en tipos de las familias Baskerville y Bodoni
e impresa sobre papel Rivoli y cartulina Acuarela
se han impreso 1.500 ejemplares

Se terminó de imprimir en
diciembre de 1987, vísperas de la conmemoración
CARLOS III Y LA ILUSTRACIÓN,
que se celebrará durante 1988, con
motivo del segundo centenario de la
muerte de este monarca, quien, consciente
de la importancia del grabado para
la ciencia, promovió con acierto ambas
actividades en España